全国高等职业教育规划教材

# 数控编程技术项目教程

主　编　刘玉春　李壮斌
副主编　李　杲　许光彬　吕　勇
参　编　屈海蛟　靳瑞生　张松奇　史亚贝
主　审　巨江澜

机械工业出版社

本书从数控加工的实用角度出发，在介绍数控编程基础知识的基础上，详细介绍了数控编程指令的格式及用法，刀具补偿指令，数控车削、数控铣削、加工中心、电加工等常用数控机床的编程方法。本书内容简明扼要，并按照"任务驱动式的一体化项目训练"的教学模式以及任务引领的思路进行编写，力求探索当前职业教育的新形式，强调职业技能及实际应用能力的培养。

本书可作为高职高专院校机电类专业数控编程课程的教学用书，也可作为成人高等教育相关专业的教学用书，还可供相关的工程技术人员学习与参考。

本书配套授课电子课件，需要的教师可登录机械工业出版社教育服务网 www. cmpedu. com 免费注册后下载，或联系编辑索取（QQ：1239258369，电话：010 - 88379739）。

## 图书在版编目（CIP）数据

数控编程技术项目教程/刘玉春，李壮斌主编 . —北京：机械工业出版社，2016.1

全国高等职业教育规划教材

ISBN 978-7-111-52292-8

Ⅰ.①数…  Ⅱ.①刘…  ②李…  Ⅲ.①数控机床 – 程序设计 – 高等职业教育 – 教材  Ⅳ.①TG659

中国版本图书馆 CIP 数据核字（2015）第 308085 号

机械工业出版社（北京市百万庄大街 22 号  邮政编码 100037）
策划编辑：曹帅鹏  责任编辑：曹帅鹏  庞 炜
责任校对：张艳霞  责任印制：李 洋
三河市宏达印刷有限公司印刷

2016 年 1 月第 1 版·第 1 次印刷
184mm × 260mm · 13. 25 印张 · 321 千字
0001 – 3000 册
标准书号：ISBN 978-7-111-52292-8
定价：33. 00 元

电话服务                       网络服务

服务咨询热线：(010)88379833    机 工 官 网：www.cmpbook.com

读者购书热线：(010)88379649    机 工 官 博：weibo.com/cmp1952

                               教育服务网：www.cmpedu.com

**封面无防伪标均为盗版**       金 书 网：www.golden - book.com

# 前　言

为了适应高职高专职业教育的发展趋势，按照高等职业教育的教学要求，结合高等职业教育人才的培养模式、课程体系和教学内容等相关改革的要求，结合与多家企业合作教学的经验，并在多年来课程改革实践的基础上，以项目为导向，以任务为驱动，以学生职业技能的培养为主线，以"必需、够用"为度，编写了本书，力求使课程能力服务于专业能力，专业能力服务于岗位能力，推动职业教育行业化的改造。

在本书的编写过程中，编者充分考虑到机电类高职学生应具备的知识结构和实践技能，按照现阶段机电类高职学生的理论水平和未来的就业方向，增加了一些简单的数控编程原理性的理论知识及大量实用性较强的编程实例。在内容安排上注重由浅入深、通俗易懂、图文并茂，力争做到每一个加工指令都配备有相应的图形和例题，使学生学完编程指令后能尽快上手编写零件加工的程序。本书在介绍数控编程基础知识和数控编程原理的基础上，对数控车削、数控铣削、加工中心、线切割的编程指令和方法做了详细的、较完善的讲解，使学生走出校门后能尽快适应行业企业的需求。

本书由刘玉春、李壮斌担任主编，李杲、许光彬、吕勇担任副主编，甘肃畜牧工程职业技术学院巨江澜担任主审，全书由刘玉春负责统稿。本书的编写分工如下：中国电子科技集团公司第四十五研究所屈海蛟（项目1）、甘肃畜牧工程职业技术学院靳瑞生（项目2）、甘肃有色冶金职业技术学院李杲和鹤壁汽车工程职业学院张松奇（项目3）、甘肃畜牧工程职业技术学院刘玉春（项目4）、福州职业技术学院李壮斌和阜阳职业技术学院许光彬（项目5）、河南工业职业技术学院史亚贝（项目6）、许昌职业技术学院吕勇（附录）。

由于编者水平有限，书中难免存在疏漏和不足，希望同行专家和读者批评指正。

编　者

# 目　　录

# 项目1　数控机床加工程序编制基础

**学习目标**

（1）熟悉数控机床加工程序编制的主要内容及步骤、编程的种类、程序的结构与格式。
（2）了解数控机床坐标系的确定方法，重点掌握编程坐标系的建立方法。
（3）掌握常用指令的编程规则与编程方法。
（4）掌握数控加工工艺路线设计的方法。

## 任务1.1　认识数控编程的方法与步骤

数控机床是严格按照从外部输入的程序来自动地对被加工工件进行加工的，而程序是通过数控编程得到的。数控编程是以数控加工中的程序编制方法作为研究对象的一门实用技术，它以机械加工中的工艺和编程理论为基础，针对数控机床的特点，综合运用相关知识来解决数控加工中的工艺问题和编程问题。本任务通过简单的编程实例来说明数控编程的方法和步骤。

### 1. 任务分析

加工如图1-1所示零件的凸台外轮廓表面，该零件材料为45钢，材料尺寸为100 mm × 100 mm × 30 mm。零件模型如图1-2所示。

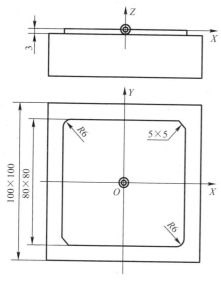

图1-1　凸台零件图

图1-2　凸台零件模型

铣削平面是数控铣削加工基本的工作内容，若用直接计算刀具刀位点轨迹的方式进行编程，则计算复杂，容易出错，且编程效率低。但若采用刀具半径补偿方式进行编程，则较为简便。

**2. 相关知识**

(1) 数控程序编制的方法　数控加工程序的编制方法主要有两种：手工编制程序和自动编制程序。

1) 手工编程。手工编程是编程人员直接通过人工完成零件图工艺分析、工艺和数据处理、计算和编写数控程序、输入数控程序到程序检验整个过程的方法，如图1-3所示。手工编程非常适合于几何形状不太复杂、程序计算量较少的零件的数控编程。相对而言，手工编程的数控程序较短，编制程序的工作量较少。因此，手工编程广泛用于形状简单的点位加工和由直线、圆弧组成的平面轮廓加工中。

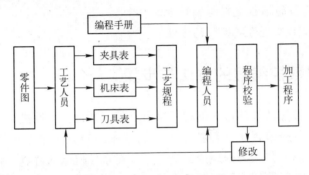

图1-3　手工编程流程图

2) 计算机自动编程。自动编程是一种利用计算机辅助编程技术的方法，它是通过专用的计算机数控编程软件来处理零件的几何信息，实现数控加工刀位点的自动计算。对于复杂的零件，特别是具有非圆曲线的加工表面，或是零件的几何形状并不复杂，但是程序编制的工作量很大，或者是需要进行复杂的工艺及工序处理的零件，由于这些零件在编制程序和加工过程中，数值计算非常繁琐，程序量很大，如果采用手工编程往往耗时多、效率低、出错率高，甚至无法完成，这种情况下就必须采用自动编程。

现在广泛使用的自动编程系统是CAD/CAM图形交互自动编程系统，CAD/CAM图形自动编程系统的特点是利用CAD软件的图形编辑功能将零件的几何图形绘制到计算机上，在图形交互方式下进行定义、显示和编辑，得到零件的几何模型；然后调用CAM数控编程模板，采用人机交互的方式来定义几何体、创建加工坐标系、定义刀具、指定被加工部位、输入相应的加工参数、确定刀具相对于零件表面的运动方式、确定加工参数、生成进给轨迹，经过后置处理生成数控加工程序。整个过程一般都是在计算机图形交互环境下完成的，具有形象、直观和高效的优点。

(2) 数控程序编制的内容及步骤　数控编程是指根据零件图和工艺文件的要求，编制出可在数控机床上运行以完成规定加工任务的一系列指令的过程。如图1-4所示，编程工作主要包括：分析零件图，确定加工工艺，计算数值，编写加工程序，制作控制介质，输入程序信息，程序检验，首件试切。

1) 分析零件图和制定工艺方案。这项工作的内容包括：对零件图进行分析，明确加工的内容和要求，确定加工方案，选择合适的数控机床，选择或设计刀具和夹具，确定合理的走刀路线及选择合理的切削用量等。这一工作要求编程人员能够对零件图的技术特性、几何

2

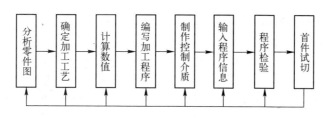

图 1-4　数控程序编制的内容及步骤

形状、尺寸及工艺要求进行分析，并结合数控机床使用的基础知识，如数控机床的规格、性能、数控系统的功能等，确定加工方法和加工路线。

2）数学处理。在确定了工艺方案后，就需要根据零件的几何尺寸、加工路线等，计算零件的轮廓数据，或根据零件图和走刀路线，计算刀具中心运行轨迹的数据；数值计算的最终目的是为了获得编程所需要的所有相关位置坐标数据。

3）编写零件加工程序。在完成上述工艺处理及数值计算工作后，即可根据已确定的加工方案及数值计算获得的数据，按照数控系统要求的程序格式和代码格式编写加工程序等；编程者除应了解所用数控机床及系统的功能、熟悉程序指令外，还应具备与机械加工有关的工艺知识，才能编制出正确、实用的加工程序。

4）制作控制介质，输入程序信息。程序单完成后，编程者或机床操作者可以通过数控机床的操作面板，在编辑方式下直接将程序信息输入数控系统程序存储器中；也可以根据数控系统输入、输出装置的不同，先将程序单中的程序制作成控制介质或转移至某种控制介质上。控制介质大多采用穿孔带，也可以是磁带、磁盘等信息载体，利用穿孔带阅读机或磁带机、磁盘驱动器等装置，可将控制介质上的程序信息输入到数控系统程序存储器中。

5）程序检验。编制好的程序在正式用于生产加工前，必须进行程序运行检查。通常可采用机床空运转的方式，来检查机床动作和运动轨迹的正确性，以检验程序。在某些情况下，还需做零件试加工检查。根据检查结果，对程序进行修改和调整，这往往要经过多次反复，直到获得完全满足加工要求的程序为止。

6）首件试切加工。首件试切加工在留有余量的情况下进行，当发现加工的零件不符合加工技术要求时，可修改程序或采取尺寸补偿等措施。

这些编程步骤适用于数控车床、数控铣床、数控加工中心及数控电加工机床的编程。

（3）数控程序的组成　一个完整的零件加工程序由程序开始部分、程序主体内容、程序结束指令三部分组成。

1）程序开始部分。程序的开始符、结束符是同一个字符，ISO 代码中是%，EIA 代码中是 EP，书写时要单列一段。每一个存储在系统中的程序都需要指定一个程序代号以相互区别，这种用于区别零件加工程序的代号称为程序名。程序名是加工程序开始部分的识别标记，所以，同一数控系统中的程序名不能重复。程序名具体采用何种形式由数控系统决定，FANUC 系统程序代号格式为 O × × × ×，其中 O 为地址符，其后为四位数字，数值从 O0000 到 O9999，一般要求单列一段。华中系统程序代号格式为% × × × ×。

2）程序主体内容。程序主体内容是由若干个程序段组成的。每一个程序段由顺序号字、准备功能字、尺寸字、进给功能字、主轴功能字、刀具功能字、辅助功能字和程序段结束符构成。

字地址程序段的一般格式：

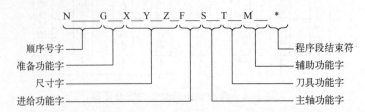

① 顺序号字。用来表示程序从起动开始操作的顺序，即程序段执行的顺序号，因此也称为程序段号字。它用地址码 N 和后面的若干位数字来表示。

② 准备功能字（G 功能）。准备功能是使数控机床作某种操作准备，它紧跟在程序段序号的后面，用地址码 G 和两位数字来表示，从 G00 ~ G99 共 100 种，G 功能的具体内容将在下面加以说明。

③ 尺寸字。对于进给运动尺寸字的地址代码为：X、Y、Z、U、V、W、P、Q、L；对于回转运动尺寸字的地址代码为：A、B、C、D、E。此外，还有插补参数字地址代码 I、J 和 K 等。

④ 进给功能字（F 功能）。它表示刀具中心运动时对于工件的相对速度。

⑤ 主轴转速功能字（S 功能）。主轴转速功能也称为 S 功能，该功能字用来选择主轴转速，一般转速单位为 r/min。例如：S800 表示主轴转速为 800 r/min。

⑥ 刀具功能字（T 功能）。该功能也称为 T 功能，它由地址码 T 和后面的若干位数字组成。

⑦ 辅助功能字（M 功能）。辅助功能表示一些机床辅助动作，指定除 G 功能之外的种种通断控制功能。用地址码 M 和后面两位数字表示，从 M00 ~ M99 共 100 种。

⑧ 程序段结束符。在每一程序段最后，都应加上程序段结束符表示程序结束。"＊"是某种数控装置程序段结束符号。当用 EIA 标准代码时，结束符为"CR"，当用 ISO 标准代码时，结束符为"NL"或"LF"。有的用符号"；"或"＊"表示。

3）程序结束指令。程序结束指令可以用 M02 或 M30，它们代表零件加工程序的结束。一般要求单列一段。

加工程序的一般格式举例：

| | |
|---|---|
| % | 程序开始 |
| O1000; | |
| N10 G00 G90 G54　X – 40 Y – 80 Z20; | |
| N12 S800 M03 T0101; | 程序主体 |
| N14 G00 Z – 3; | |
| …… | |
| N44 M05; | |
| N46 M30; | 程序结束 |
| % | |

## 1. 任务实施

（1）选择机床及切削用量　本任务选用的机床为 FANUC 系统 TK7650 型数控铣床，选择直径为 16 mm 的立铣刀，切削参数的选择见表 1-1。

表 1-1　切削参数

|  | 粗加工 | 精加工 |
|---|---|---|
| 主轴转速 $S$ | 800 r/min | 1200 r/min |
| 进给量 $F$ | 160 mm/min | 120 mm/min |
| 切削深度 $a_\mathrm{p}$ | 2.8 mm | 0.2 mm |

（2）设计加工路线　加工工件时，采用刀具半径补偿进行编程。编程时采用延长线上切入切出的方式，其刀具刀位点的轨迹如图 1-5 所示。

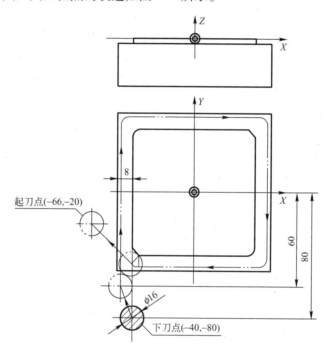

图 1-5　走刀路线图

（3）加工程序（参考程序）

| | 程序注释 |
|---|---|
| O0001; | 主程序名（φ16 mm 圆柱立铣刀铣外轮廓） |
| N10 G00 G90 G54　X - 40 Y - 80 Z20; | 设定工件坐标系，快速移动点定位 |
| N12 M03 S800 M07 T0101; | 主轴正转，转速为 800 r/min，打开切削液，用 01 号刀 |
| N14 G00 Z - 3; | 快速下降至 Z = - 3 mm |
| N16 G01 G41 X - 40 Y - 60 D01 F160; | 建立刀具半径左补偿进行粗铣，D01 = 8.2 mm |
| N18 G01 Y34; | 直线插补切削左边轮廓 |
| N20 G02 X - 34 Y40 R6; | 形成倒圆角 R6 mm |
| N22 G01 X35; | 直线插补切削后边轮廓 |
| N24 G01 X40 Y35; | 形成倒角 |
| N26 G01 Y - 34; | 直线插补切削右边轮廓 |
| N28 G02 X34 Y - 40 R6; | 形成倒圆角 R6 mm |

| N30 G01 X-35; | 直线插补切削前边轮廓 |
|---|---|
| N32 G01 X-66 Y-20; | 直线插补走到起刀点 |
| N34 G00 Z20; | 快速抬刀 |
| N36 G00 G40 X-76 Y-20; | 快速移动点定位,取消刀具半径补偿 |
| N42 G00 X-40 Y-80; | 快速移动到起刀点定位 |
| N44 M05 M09; | 主轴停止转动,关闭切削液 |
| N46 M30; | 程序结束返回程序头 |

## 任务1.2 认识数控机床坐标系

为了在数控设备上加工零件,首先需要确定工件在机床上的位置,因此,必须建立一个与加工零件相关的坐标系。数控机床坐标系是用来确定刀具运动路径的依据,因此数控机床坐标系对数控程序设计极为重要。统一规定数控机床坐标轴名称及运动的正负方向,可使编程简单方便,并使所编程序对同一类型机床具有互换性。本任务通过简单的工件坐标系建立实例来说明数控机床坐标系的确定方法。

**1. 任务分析**

依据如图1-6所示的机床坐标系与工件坐标系关系图,阐明设定工件坐标系的步骤,并编写从基准点出发经过 $A{\to}B{\to}C{\to}D{\to}O1$ 后返回基准点的刀具轨迹程序。

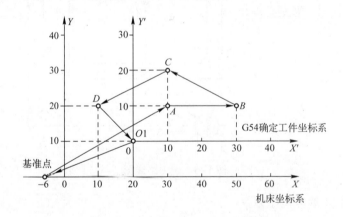

图1-6　机床坐标系与工件坐标系

**2. 相关知识**

(1) 数据机床坐标系的确定

1) 数控机床相对运动的规定。不论数控机床在实际加工时是工件运动还是刀具运动,在确定编程坐标系时,一般看作是工件相对静止,刀具产生运动。这一原则可以保证编程人员在编程时不必考虑机床加工零件时具体的运动形式是刀具移向工件,还是工件移向刀具,只需根据零件图对控制机床的加工过程编程即可。

2) 数控机床坐标系的规定。在数控机床上,机床的动作是由数控装置来控制的,为了确定数控机床上的成形运动和辅助运动,必须先确定机床上运动的位移和方向,这就需要通过坐标系来实现,这个坐标系被称之为数控机床坐标系。

例如在卧式数控车床上，有刀具的纵向运动、横向运动，如图1-7所示。

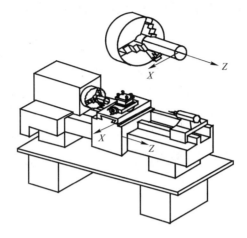

图1-7　卧式数控车床

标准数控机床坐标系中 $X$、$Y$、$Z$ 坐标轴的相互关系用右手笛卡儿直角坐标系决定，如图1-8a所示。

① 伸出右手的大拇指、食指和中指，并互为90°，则大拇指代表 $X$ 坐标，食指代表 $Y$ 坐标，中指代表 $Z$ 坐标。

② 大拇指的指向为 $X$ 坐标的正方向，食指的指向为 $Y$ 坐标的正方向，中指的指向为 $Z$ 坐标的正方向。

③ 围绕 $X$、$Y$、$Z$ 坐标旋转的旋转坐标分别用 $A$、$B$、$C$ 表示。根据右手螺旋定则，大拇指的指向为 $X$、$Y$、$Z$ 坐标中任意轴的正向，则其余四指的旋转方向即为旋转坐标 $A$、$B$、$C$ 的正方向，如图1-8b所示。

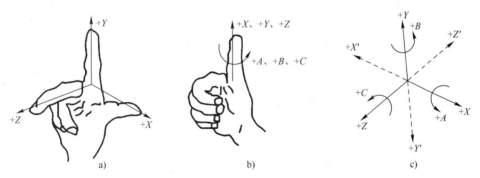

图1-8　右手直角笛卡儿坐标系与右手螺旋定则

3）运动方向的规定。增大刀具与工件距离的方向即为各坐标轴的正方向，数控车床上两个运动的正方向如图1-7所示。

（2）坐标轴方向的确定　在确定机床坐标轴时，一般先确定 $Z$ 轴，然后确定 $X$ 轴和 $Y$ 轴，最后确定其他轴。

1）$Z$ 坐标轴方向的确定。$Z$ 坐标轴的方向是由传递切削动力的主轴所决定的，平行于主轴轴线且垂直于工件装夹平面的主轴方向即为 $Z$ 坐标轴方向，$Z$ 坐标轴的正方向为刀具离开工件的方向,如图1-7所示。

2) X 坐标轴方向的确定。X 坐标轴平行于工件的装夹平面,一般在水平面内。确定 X 轴的方向时,要考虑两种情况:

① 若工件做旋转运动,则刀具离开工件的方向为 X 坐标轴的正方向。

② 若刀具做旋转运动,则分为两种情况:Z 坐标轴水平时,观察者沿刀具主轴向工件看时, +X 运动方向指向右方;Z 坐标轴垂直时,观察者面对刀具主轴向立柱看时, +X 运动方向指向右方,如图1-7所示。

3) Y 坐标轴方向的确定。在确定 X、Z 坐标轴的正方向后,可以根据 X 和 Z 坐标轴的方向,按照右手笛卡儿直角坐标系来确定 Y 坐标轴的方向。

【例 1-1】 根据图1-9所示的数控立式铣床结构图,试确定 X、Y、Z 坐标轴。

(1) Z 坐标轴:平行于主轴,刀具离开工件的方向为正。

(2) X 坐标轴:与 Z 坐标轴垂直,且刀具旋转,所以面对刀具主轴向立柱方向看,向右为 X 坐标轴的正方向。

(3) Y 坐标轴:在 Z、X 坐标轴确定后,按照右手笛卡儿直角坐标系来确定 Y 坐标轴的正方向。

(3) 机床原点的设置

机床原点又称为机械原点,它是机床坐标系的原点,是机床的最基本点。它在机床装配、调试时就已确定下来,是数控机床进行加工运动的基准参考点。

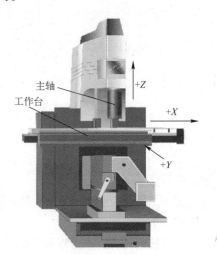

图1-9 数控立式铣床的坐标系

1) 数控车床的原点。在数控车床上,机床原点一般取在卡盘端面与主轴中心线的交点处,如图1-10所示。同时,通过设置参数的方法,也可将机床原点设定在 X、Z 坐标轴正方向的极限位置上。

2) 数控铣床的原点。在数控铣床上,机床原点一般取在 X、Y、Z 坐标轴正方向的极限位置上,如图1-11所示。

(4) 机床参考点 机床参考点是用于对机床工作台、滑板以及刀具相对运动的测量系统进行定标和控制的点,有时也称机床零点。如图1-10所示,机床原点 M 取在卡盘后端面与中心线的交点处,参考点 R 可设在 X = 200 mm, Z = 400 mm 处。

机床参考点的位置是由机床制造厂家在每个进给轴上用限位开关精确调整好的,坐标值已输入数控系统中,因此参考点对机床原点的坐标是一个已知数。

数控车床上机床参考点是离机床原点最远的极限点,图1-10所示为数控车床的机床原点与机床参考点。数控铣床上机床原点和机床参考点是重合的,图1-11所示为数控铣床的机床原点与机床参考点。

数控机床开机前,必须先确定机床原点,而确定机床原点的运动就是刀架返回机床参考点的操作,这样通过确认机床参考点,就确定了机床原点。只有机床参考点被确认后,刀具(或工作台)移动才有基准。

(5) 编程坐标系 编程坐标系是编程人员根据零件图及加工工艺等建立的坐标系,一般供编程使用。在确定编程坐标系时不必考虑工件毛坯在机床上的实际装夹位置。如图 1-12 所示，其中点 $O$ 即为数控铣床编程坐标系原点。

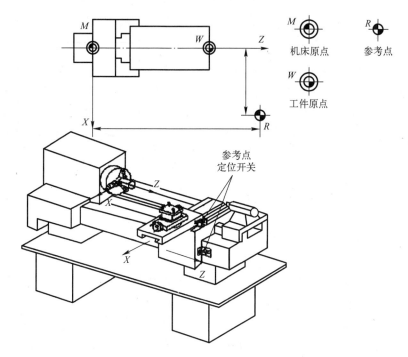

图 1-10　数控车床的机床原点与机床参考点

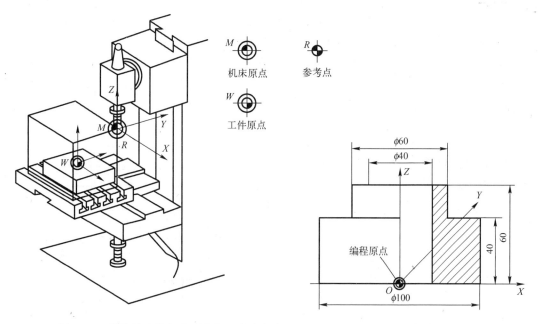

图 1-11　数控铣床的机床原点与机床参考点　　　图 1-12　数控铣床编程坐标系

　　编制程序时，为了方便，需要在图纸上选择一个适当的位置作为编程原点，编程原点是根据加工零件图样及加工工艺要求选定的编程坐标系的原点，也称为程序原点或程序零点。

编程原点应尽量选择在零件的设计基准或工艺基准上，编程坐标系中各轴的方向应该与所使用的数控机床中相应坐标轴的方向一致，如图1-13所示，其中点 $O$ 即为数控车床编程坐标系的编程原点。

（6）工件坐标系　工件坐标系是在数控编程和加工时用于确定工件几何图形上各几何要素（点、直线和圆弧）的形状、位置和刀具相对工件运动而建立的坐标系。

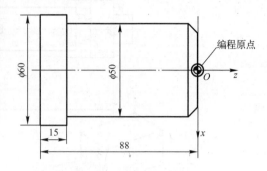

图1-13　数控车床编程坐标系

工件原点也称为程序原点，是指零件被装夹好后相应的编程原点在机床坐标系中的位置。

工件原点的一般选用原则：

1）工件原点选在工件图样的尺寸基准上，这样可以直接用图样中标注的尺寸，作为编程点的坐标值，减少计算工作量。

2）能使工件方便地装夹、测量和检验。

3）工件原点尽量选在尺寸精度较高、表面粗糙度值低的工件表面上，这样可以提高工件的加工精度和同一批零件的一致性。

4）对于有对称形状的几何零件，工件原点最好选在对称中心上。

在加工过程中，数控机床是按照工件装夹好后所确定的加工原点位置和程序要求进行加工的。编程人员在编制程序时，只要根据零件图样就可以选定编程原点、建立编程坐标系、计算坐标数值，而不必考虑工件毛坯装夹的实际位置。对于加工人员来说，则应在装夹工件、调试程序时，将编程原点转换为加工原点，并确定加工原点的位置，在数控系统中给予设定，即给出原点设定值，设定加工坐标系后就可根据刀具的当前位置，确定刀具起始点的坐标值。在加工时，工件各尺寸的坐标值都是相对于加工原点而言的，这样数控机床才能按照准确的加工坐标系位置开始加工，数控车床的工件坐标系原点和机械原点如图1-14所示。

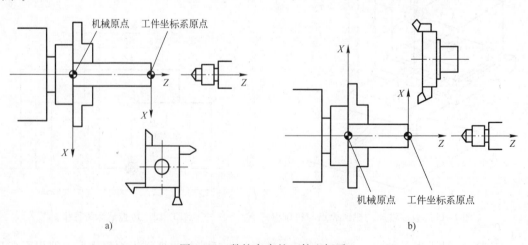

a)　　　　　　　　　　　　　　　　　b)

图1-14　数控车床的工件坐标系
a）数控车床刀架前置的工件坐标系　b）数控车床刀架后置的工件坐标系

车床的工件原点一般设在主轴的中心线上，多定在工件的左端面或右端面。铣床的工件原点一般设在工件外轮廓的某一个角上或工件的对称中心处。进刀方向上的零点，大多取在工件表面。

【例1-2】如图1-15所示，以G54指令设定了工件坐标系，刀具首先运行到点A，在点A处用了G92指令，在随后的加工程序中的坐标指令都将按新的工件坐标系（O'X'Y'）进行加工。

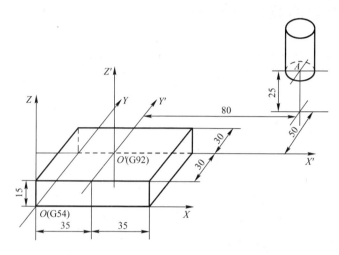

图1-15 G54工件坐标系被G92重新设定

在G54指令设定的工件坐标系中，点A坐标为（115，80，40）；在G92指令设定的工件坐标系中，点A坐标为（80，50，25）。其加工程序为：

```
O1006;
N10 G54 G90 G00 X115 Y80 Z40;    刀具移动到G54工件坐标系中的设定点A
N20 G92 X80 Y50 Z25;             重新定义起刀点A在O'X'Y'Z'工件坐标系中的位置
N30 X30;                         系统将按O'X'Y'Z'工件坐标系中的坐标值进行进给，移动到新坐
                                 标系中X=30mm的位置
N40 M30;                         程序结束
```

**3. 任务实施**

（1）设定工件坐标系的步骤

1）根据数控编程坐标系或机床坐标系确定工件坐标系的位置和坐标轴的方向。

2）利用零件和夹具上定位面建立加工坐标系。

3）校正工件坐标系，通过校正工件坐标系，使建立的工件坐标系满足数控加工的要求。

（2）说明工件坐标系与机床坐标系的关系 设刀具在基准点（-26，-10），要使刀具从基准点移到点A、再到点B、C、D、再经O1点返回基准点。

（3）编写刀具轨迹程序

```
N10 G00 G90 G54 X10 Y10;    建立工件坐标系,刀具快速定位到点A指定位置上
N20 G01 X30 F100;           刀具从点A移到点B
```

N30 G01 X10 Y20；　　　　　刀具从点 B 移到点 C

N40 G00 G53 X10 Y20；　　　G53 指令使刀具快速定位到机床坐标系中点 D 指定位置上

N50 G00 X0 Y0；　　　　　　刀具从点 D 移到 O1 点

N60 G28 X0 Y0；　　　　　　刀具自动回到参考点 O，非模态

N70 G00 X－26 Y－10；　　　刀具从点 O 移到基准点

## 任务1.3　熟悉基本编程功能指令

数控加工程序是由各种功能字按照规定的格式组成的。正确地理解各个功能字的含义、恰当地使用各种功能字、按规定的程序指令编写程序，是编好数控加工程序的关键。

**1. 任务分析**

在任务中，将通过一个简单的数控铣削加工零件及其数控铣削加工程序的介绍，进一步了解数控铣削程序的结构、特点和常用代码的含义。已知某零件如图 1-16 所示，工件材料为 5 mm 厚的铝板，编写工件的精加工程序。

**2. 相关知识**

程序编制的规则是由所采用的数控系统来决定的，所以应详细阅读数控系统编程、操作说明书。以下内容按常用数控系统的共性概念进行说明。

（1）绝对尺寸指令和增量尺寸指令　绝对尺寸是机床运动部件的坐标尺寸值，是相对于坐标原点给出的，如图 1-17 所示。增量尺寸是机床运动部件的坐标尺寸值，是相对于前一位置给出的，如图 1-18 所示。

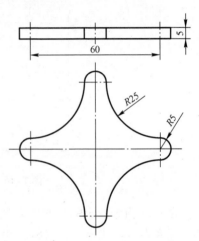

图 1-16　数控铣削编程实例

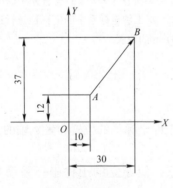

图 1-17　绝对尺寸

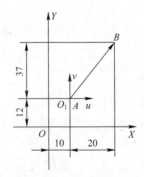

图 1-18　增量尺寸

在加工程序中，绝对尺寸指令和增量尺寸指令有两种表达方法。

1）G 功能字指定。G90 指定的尺寸值为绝对尺寸，G91 指定的尺寸值为增量尺寸。

这种表达方式的特点是同一条程序段中只能用一种功能字，不能混用；同一坐标轴方向尺寸字的地址符是相同的。

2）用尺寸字的地址符指定（本课程中车床部分使用）。绝对尺寸的尺寸字的地址符用 X、Y、Z，增量尺寸的尺寸字的地址符用 U、V、W。

这种表达方式的特点是同一程序段中绝对尺寸和增量尺寸可以混用，这给编程带来很大方便。

（2）预置寄存指令 G92　预置寄存指令是按照程序规定的尺寸字值，通过当前刀具所在的位置来设定加工坐标系的原点的，这一指令不产生机床运动。其编程格式为 G92 X ~ Y ~ Z ~；式中 X、Y、Z 的值是当前刀具位置相对于加工原点位置的值。

例如建立如图 1-17 所示的加工坐标系：

当前的刀具位置点在点 A 时：G92 X10 Y12；

当前的刀具位置点在点 B 时：G92 X30 Y37；

注意：这种方式设置的加工原点是随刀具当前位置（起始位置）的变化而变化的。

（3）坐标平面选择指令　坐标平面选择指令是用来选择圆弧插补平面和刀具补偿平面的。

G17 表示选择 OXY 平面，G18 表示选择 OZX 平面，G19 表示选择 OYZ 平面，各坐标平面如图 1-19 所示。一般数控车床默认在 OZX 平面内加工，数控铣床默认在 OXY 平面内加工。

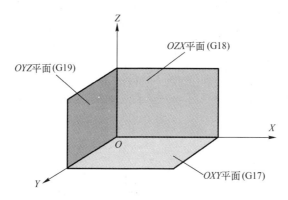

图 1-19　坐标平面选择

（4）快速点定位指令　快速点定位指令控制刀具以点定位控制的方式快速移动到目标位置，其移动速度由参数来设定。指令执行开始后，刀具沿着各个坐标方向同时按参数设定的速度移动，最后减速到达终点，如图 1-20a 所示。注意：刀具在各坐标方向上有可能不是同时到达终点。刀具移动轨迹是几条线段的组合，不是一条直线。例如，在 FANUC 系统中，运动总是先沿 45°角的直线移动，然后再沿某一轴单向移动至目标点位置，如图 1-20b 所示。编程

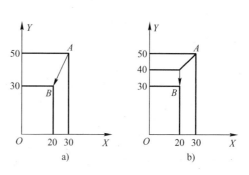

图 1-20　快速点定位

a）同时到达终点　b）单向移动至终点

人员应了解所使用的数控系统的刀具移动轨迹情况，以避免加工中可能出现的碰撞。

其编程格式为 G00 X ~ Y ~ Z ~；式中 X、Y、Z 的值是快速点定位的终点坐标值。

例如，从点 A 到点 B 快速移动的程序段为：G90 G00 X20 Y30；

（5）直线插补指令　直线插补指令用于产生按指定进给速度 F 实现的空间直线运动。其编序格式为 G01 X ~ Y ~ Z ~ F ~；式中 X、Y、Z 的值是直线插补的终点坐标值。

【例 1-3】实现图 1-21 中从点 A 到点 B 的直线插补运动，其程序段为：

绝对方式编程：G90 G01 X10 Y10 F100；

增量方式编程：G91 G01 X -10 Y -20 F100；

**3. 任务实施**

（1）识读零件图　分析零件图，建立编程坐标系，采用顺铣，上平面内原点为 Z 轴坐标原点，如图 1-22 所示。加工刀具选用直径为 $\phi$10 mm 的立铣刀，安全高度为 10 mm。

（2）确定切削用量　主轴转速为 600 r/min，进给速度为 300 mm/min。

（3）确定走刀路线　该零件要求加工外轮廓，考虑沿外轮廓切入切出制定走刀路线，如图 1-22 所示。

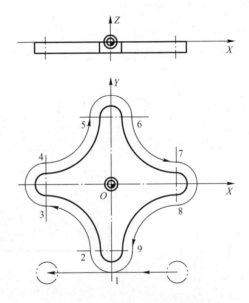

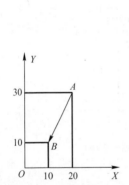

图 1-21　直线插补运动　　　　图 1-22　轮廓加工走刀路线

（4）编制加工程序

| O0001；                                  | 程序名                    |
| --------------------------------------- | ----------------------- |
| N010 G54 G90 G00 X20.0 Y -35.0；          | 建立工件坐标系,快速移动到点 A    |
| N020 G00 Z10.0；                          | 快进安全高度                 |
| N030 G01 Z -5.0 F300 S500 M03；           | 下刀,起动主轴                |
| N040 M08；                                | 切削液开                   |
| N050 G41 X10 Y -35.0 D01；                | 建立刀具左补偿                |
| N055 G01 X0 Y -35.0；                     | 到达 1 点                  |
| N060 G02 X -5.0 Y -30.0 R5.0；            | 到达 2 点                  |
| N070 G03 X -30.0 Y -5.0 R30.0；           | 到达 3 点                  |
| N080 G02 Y5.0 R5.0；                      | 到达 4 点                  |
| N090 G03 X -5.0 Y30.0R30.0；              | 到达 5 点                  |

| N100 G02 X5.0 R5.0; | 到达 6 点 |
| N110 G03 X30.0 Y5.0 R30.0; | 到达 7 点 |
| N120 G02 Y -5.0 R5.0; | 到达 8 点 |
| N130 G03 X5.0 Y -30.0 R30.0; | 到达 9 点 |
| N140 G02 X0 Y -35.0 R5.0 | 到达 1 点 |
| N150 G40 G01 X -20.0; | 退出轮廓至点 *B*，取消刀补 |
| N160 G00 Z100.0 M09; | 抬刀，关闭切削液 |
| N170 M05; | 主轴停转 |
| N190 M30; | 程序结束 |

## 任务 1.4　数控加工工艺路线设计

无论是普通加工还是数控加工，手工编程还是自动编程，在编程前都要对所加工的零件进行工艺过程分析，拟定加工方案，确定加工路线和加工内容，选择合适的刀具和切削用量，设计合理的夹具及装夹方法，以及对一些特殊的工艺问题（如对刀点、刀具轨迹路线设计等）做一些处理。合格的程序员首先是一个合格的工艺人员，否则就无法做到全面周到地考虑零件加工的全过程，以及正确、合理地编制零件的加工程序。

**1. 任务分析**

车削加工的零件如图 1-23 所示，数控车床的型号为 CK6150，数控系统为 FANUC 0TC，工件毛坯尺寸为 $\phi24$ mm×100 mm，工件材料为 45 号钢。

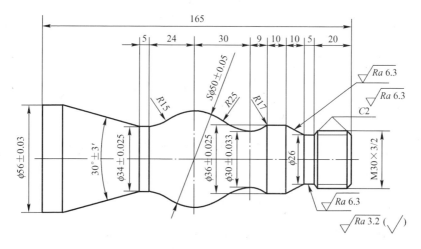

图 1-23　轴类零件图

要求对工件进行工艺分析，确定工件装夹方案，确定加工顺序及进给路线，选择切削刀具，选择切削用量。

**2. 相关知识**

在进行数控加工工艺设计时，一般应进行以下几方面的工作：数控加工工艺内容的选择，数控加工工艺性的分析，数控加工工艺路线的设计。

（1）数控加工工艺内容的选择　对于一个零件来说，并非全部的加工工艺过程都适合在数控机床上完成，而往往只是其中的一部分工艺内容适合数控加工。这就需要对零件图样进行仔细的工艺分析，选择那些最适合、最需要进行数控加工的内容和工序。在考虑选择内容时，应结合本企业设备的实际情况，立足于解决难题、攻克关键问题和提高生产率，充分发挥数控加工的优势。

1）适于数控加工的内容。在选择时，一般可按下列顺序考虑：

① 通用机床无法加工的内容应作为优先选择内容。

② 通用机床难加工，质量也难以保证的内容应作为重点选择内容。

③ 通用机床加工效率低、工人手工操作劳动强度大的内容，可在数控机床尚存在剩余加工能力时选择。

2）不适于数控加工的内容。一般来说，上述这些加工内容采用数控加工后，在产品质量、生产率与综合效益等方面都会得到明显提高。相比之下，下列一些内容不宜选择采用数控加工：

① 占机调整时间长。如以毛坯的粗基准定位加工第一个精基准，需用专用工装协调的内容。

② 加工部位分散，需要多次安装、设置原点。这时，采用数控加工会很麻烦，效果不明显，可安排通用机床补加工。

③ 按某些特定的制造依据（如样板等）加工的型面轮廓。其不适合的主要原因是获取数据困难，易于与检验依据发生矛盾，增加了程序编制的难度。

此外，在选择和决定加工内容时，也要考虑生产批量、生产周期、工序间周转的情况等。总之，要尽量合理，达到多、快、好、省的目的。要防止把数控机床当作通用机床使用。

3）数控加工工艺的主要内容。

① 选择适合在数控机床上加工的零件，确定数控机床加工的内容。

② 对零件图纸进行数控加工工艺分析，明确加工内容及技术要求。

③ 具体设计数控加工工序，如工步的划分、工件的定位、夹具的选择、刀具的选择、切削用量的确定等。

④ 处理特殊的工艺问题，如对刀点、换刀点的确定，加工路线的确定，刀具补偿，分配加工误差等。

⑤ 处理数控机床上部分工艺指令，编制工艺文件。

⑥ 编程误差及其控制。

（2）数控加工工艺性分析　首先应熟悉零件在产品中的作用、位置、装配关系和工作条件，搞清楚各项技术要求对零件装配质量和使用性能的影响，找出主要和关键的技术要求，然后对零件图样进行分析。

1）尺寸标注应符合数控加工的特点。

① 在数控编程中，所有点、线、面的尺寸和位置都是以编程原点为基准的。因此零件图样的内腔和外形最好采用统一的几何类型和尺寸，这样可以统一刀具规格和减少换刀次数，使编程方便，效率提高。

② 内槽圆角的大小决定着刀具直径的大小，因而内槽圆角半径不应过小。如图1-24所示，零件工艺性的好坏与被加工轮廓的高低、转换圆弧半径的大小等有关。图1-24b与

图 1-24a 相比，转换圆弧半径大，可以采用较大直径的铣刀来加工。加工平面时，进给次数也相应减少，表面加工质量也会好一些，所以工艺性较好。通常 $R < 0.2H$（$H$ 为被加工零件轮廓面的最大高度）时，可以判定零件该部位的工艺性不好。

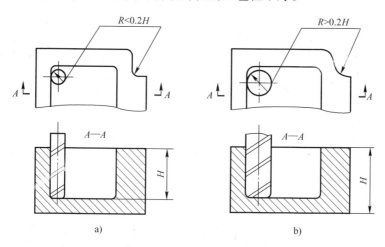

图 1-24　数控加工工艺性对比

③ 铣削零件底面时，槽底的圆角半径 $r$ 不应过大。如图 1-25 所示，圆角半径 $r$ 越大，铣刀端刃铣平面的能力越差，效率也越低，当 $r$ 大到一定程度时，甚至必须用球头刀加工，应尽量避免。因为铣刀与铣削平面接触的最大直径 $d = D - 2r$（$D$ 为铣刀直径）。当 $D$ 一定时，$r$ 越大，铣刀端刃铣削平面的面积越小，加工表面的能力越差，工艺性也越差。

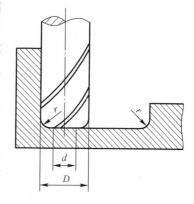

图 1-25　零件底面圆弧的影响

此外，还应分析零件要求的加工精度、尺寸公差等是否可以得到保证，是否有引起矛盾的多余尺寸或影响工序安排的封闭尺寸等。

2）检查零件图样上几何要素的完整性和正确性。在程序编制中，编程人员必须充分掌握构成零件轮廓的几何要素参数及各几何要素间的关系。因为在自动编程时要对零件轮廓的所有几何元素进行定义，手工编程时要计算出每个节点的坐标，无论哪一点不明确或不确定，编程都无法进行。但由于零件设计人员在设计过程中考虑不周或被忽略，常常出现参数不全或不清楚，如圆弧与直线、圆弧与圆弧是相切还是相交或相离。所以在审查与分析图样时，一定要仔细核算，发现问题及时与设计人员联系。

3）定位基准可靠。在数控加工中，加工工序往往较集中，以同一基准定位十分重要。因此往往需要设置一些辅助基准，或在毛坯上增加一些工艺凸台。

（3）数控加工工艺路线的设计　在数控加工中，刀具刀位点相对于工件运动的轨迹称为进给路线，也称走刀路线，它不但包括了工步的内容，而且也反映出工步的顺序，在数控加工中，进给路线是由数控系统控制的。它对零件的加工质量、加工效率有直接的影响，因此，工序设计时必须拟定好刀具合理的进给路线。

1）编程时，加工路线的确定原则。

① 加工路线应保证被加工零件的加工精度和表面粗糙度要求，且效率要较高。

② 应使加工路线最短，这样既可简化程序段，又可减少空走刀时间以提高生产率。

③ 保证零件的工艺要求。

④ 利于简化数值计算，减少程序段的数目和程序编制的工作量。

2）工序的划分。根据数控加工的特点，数控加工工序的划分一般可按下列方法进行：

① 以一次安装、加工作为一道工序。这种方法适合于加工内容较少的零件，加工完后就能达到待检状态。

② 以同一把刀具加工的内容划分工序。有些零件虽然能在一次安装中加工出很多待加工表面，但考虑到程序太长，会受到某些限制，如控制系统的限制（主要是内存容量），机床连续工作时间的限制（如一道工序在一个工作班内不能结束）等。此外，程序太长会增加出错与检索的困难。因此程序不能太长，一道工序的内容不能太多。

③ 以加工部位划分工序。对于加工内容很多的工件，可按其结构特点将加工部位分成几个部分，如内腔、外形、曲面或平面，并将每一部分的加工作为一道工序。

④ 以粗、精加工划分工序。由于对粗加工后可能发生的变形需要进行校形，故一般来说，凡要进行粗、精加工的过程，都要将工序分开。

3）顺序的安排。顺序的安排应根据零件的结构和毛坯状况，以及定位、安装与夹紧的需要来考虑。顺序安排一般应按以下原则进行：

① 上道工序的加工不能影响下道工序的定位与夹紧，中间穿插有通用机床加工工序的也应综合考虑。

② 先进行内腔加工，后进行外形加工。

③ 以相同定位、夹紧方式加工或用同一把刀具加工的工序，最好连续加工，以减少重复定位次数、换刀次数与挪动压板次数。

在选择了数控加工工艺内容和确定了零件加工路线后，即可进行数控加工工序的设计。数控加工工序设计的主要任务是进一步把本工序的加工内容、切削用量、工艺装备、定位夹紧方式及刀具运动轨迹确定下来，为编制加工程序做好准备。

4）确定走刀路线和安排加工顺序。走刀路线就是刀具在整个加工工序中的运动轨迹，它是编写程序的依据之一，确定走刀路线时应注意以下几点：

① 寻求最短加工路线。点位控制数控机床的走刀路线包括在 $OXY$ 平面上的走刀路线和 $Z$ 向的走刀路线。欲使刀具在 $OXY$ 平面上的走刀路线最短，必须保证各定位点间的路线总长最短，如图 1-26a 所示；同心分布的点群零件加工，在通用机床上为了保持较好的同心度，可按如图 1-26b 所示的安排走刀路线；但对数控机床加工来说，按如图 1-26c 所示的走刀路线加工，可以缩短定位时间和加工路线近一半，提高了加工效率。

② 孔系加工的路线。对于位置精度要求较高的孔系加工，特别要注意孔加工顺序的安排，安排不当时，有可能将坐标轴的反向间隙带入，直接影响位置精度，如图 1-27 所示。

③ 最终轮廓一次走刀完成。为保证工件轮廓表面加工后的表面粗糙度要求，最终轮廓应安排在最后一次走刀中连续加工出来。

图 1-28 所示为凹槽的三种加工路线。图 1-28a 所示为用行切法加工内腔的走刀路线，这种走刀方法能切除内腔中的全部余量，不留死角，不伤轮廓，但行切法将在两次走刀的起

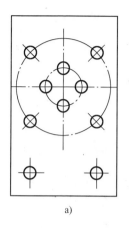

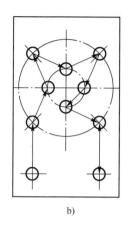

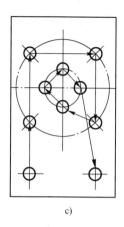

a)    b)    c)

图 1-26  最短加工路线的选择

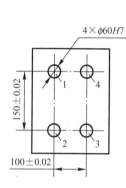

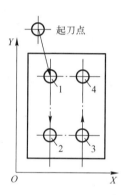

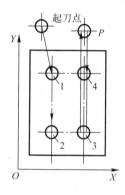

图 1-27  镗孔加工路线示意图

点和终点间留下残留高度，而达不到要求的表面粗糙度；如采用图 1-28b 所示的走刀路线，先用行切法，然后反复沿周向环切，能获得较好的效果。图 1-28c 所示的方法为先用行切法加工去除大部分材料，最后环切光整轮廓表面，该方法结合二者优点，最好。

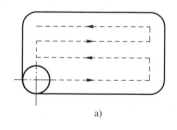

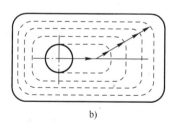

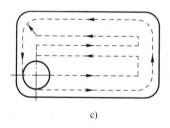

a)    b)    c)

图 1-28  凹槽的三种加工路线

a）行切法　b）环切法　c）先行切再环切

④ 选择切入切出方向。考虑刀具的进、退刀（切入、切出）路线时，刀具的切出或切入点应在沿零件轮廓的切线上，保证工件轮廓光滑；避免在切入处由于法向力过大产生刀具刻痕，而影响表面质量，保证零件外廓曲线平滑过渡；尽量减少在轮廓加工切削过程中的暂停（切削力突然变化造成弹性变形），避免留下刀痕。

圆弧插补方式铣削外整圆时的走刀路线图如图 1-29 所示。铣削内圆弧时也要遵循从切向切入的原则，最好安排从圆弧过渡到圆弧的加工路线，如图 1-30 所示。

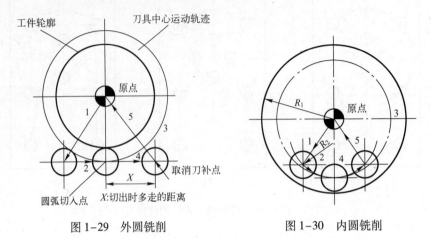

图 1-29　外圆铣削　　　　　　　图 1-30　内圆铣削

⑤ 车螺纹的加工线路。在数控机床上车螺纹时，沿螺距方向的 $Z$ 向进给应和机床的旋转保持严格的速度比关系，因此应避免在进给机构加速或减速过程中切削，为此要有引入超越距离 $\delta_1$ 和 $\delta_2$，如图 1-31 所示，$\delta_1$ 与 $\delta_2$ 的数值与机床拖动系统的动态特性有关，与螺纹的螺距和精度有关。一般 $\delta_1 = 2 \sim 5 \text{ mm}$，对大螺距和高精度的螺纹取大值；$\delta_2$ 一般取为 $\delta_1$ 的 1/4 左右，当螺纹收尾处没有退刀槽时，一般按 45°角退刀收尾。

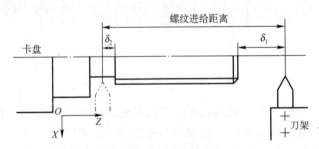

图 1-31　切削螺纹时的引入距离

⑥ 选择使工件在加工后变形小的路线。对横截面积小的细长零件或薄板零件应采用分几次走刀加工到最后尺寸或对称去除余量法安排走刀路线。安排工步时，应先安排对工件刚性破坏较小的工步。

（4）确定刀具与工件的相对位置　对于数控机床来说，在加工开始时，确定刀具与工件的相对位置是很重要的，这一相对位置是通过确认对刀点来实现的。对刀点是指通过对刀确定刀具与工件相对位置的基准点，对刀点可以设置在被加工零件上，也可以设置在夹具上与零件定位基准有一定尺寸联系的某一位置，往往就选择在零件的加工原点。对刀点的选择原则如下：

1）所选的对刀点应使程序编制简单。

2）对刀点应选择在容易找正、便于确定零件加工原点的位置。

3）对刀点应选在加工时检验方便、可靠的位置。

4）对刀点的选择应有利于提高加工精度。

如图 1-32 所示，对刀点相对机床原点的坐标为 $(X_0，Y_0)$，而工件原点相对于机床原点的坐标为 $(X_0 + X_1，Y_0 + Y_1)$。这样就把机床坐标系、工件坐标系和对刀点之间的关系明确地表示出来了。

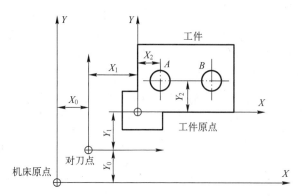

图 1-32　对刀点的设定

在使用对刀点确定加工原点时，就需要进行对刀。所谓对刀是指使刀位点与对刀点重合的操作。每把刀具的半径与长度尺寸都是不同的，刀具装在机床上后，应在控制系统中设置刀具的基本位置。刀位点是指刀具的定位基准点，如图 1-33 所示，钻头的刀位点是钻头顶点，车刀的刀位点是刀尖或刀尖圆弧中心，圆柱铣刀的刀位点是刀具中心线与刀具底面的交点，球头铣刀的刀位点是球头的球心点或球头顶点。

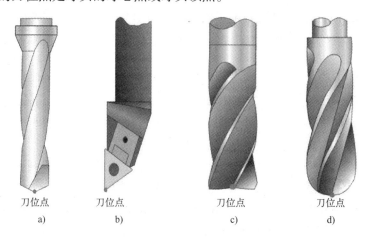

图 1-33　刀位点的确定
a）钻头的刀位点　b）车刀的刀位点　c）圆柱铣刀的刀位点　d）球头铣刀的刀位点

换刀点是为加工中心、数控车床等采用多刀进行加工的机床而设置的，因为这些机床在加工过程中要自动换刀。对于手动换刀的数控铣床，也应确定相应的换刀位置。为防止换刀时碰伤零件、刀具或夹具，换刀点常常设置在被加工零件的轮廓之外，并留有一定的安全量。

（5）确定切削用量　对于高效率的金属切削机床加工来说，主轴转速、进给速度、背吃刀量是切削用量的三大要素。这些要素决定着加工时间、刀具寿命和加工质量。经济、有效的加工方式要求必须合理地选择切削用量。

编程人员合理选择切削用量的原则是要保证零件的加工精度和表面粗糙度，充分发挥刀具的切削性能，保证合理的刀具耐用度，并充分发挥机床的性能，最大限度地提高生产率，降低成本。

在选择切削用量时要充分保证刀具能加工完一个零件，或保证刀具的耐用度不低于一个工作班的工作时间，最少不低于半个工作班的工作时间。背吃刀量根据机床、工件和刀具的刚度来决定，在机床刚度允许的情况下，尽可能使背吃刀量等于工序的加工余量，这样可以减少走刀次数，提高加工效率。对于表面粗糙度和精度要求较高的零件，要留有足够的精加工余量，数控加工的精加工余量可比通用机床的精加工余量小一些。

1）主轴转速的确定。主轴转速应根据允许的切削速度和工件（或刀具）直径来选择，其计算公式为

$$n = 1000v / \pi D$$

式中　$v$——切削速度，单位为 m/min，由刀具的耐用度决定；

　　　$n$——主轴转速，单位为 r/min；

　　　$D$——工件直径或刀具直径，单位为 mm。

2）进给速度的确定。在选择进给速度时，还要注意零件在加工中的某些特殊因素，例如在轮廓加工中，当零件轮廓有拐角时，刀具容易产生超程现象，从而导致加工误差。

应当指出，在轮廓加工中，当刀具运动方向改变时，由于运动的滞后，还会产生欠程现象，从而导致欠程误差。

3）选择背吃刀量。

总之，切削用量的具体数值应根据机床性能、相关的手册并结合实际经验用类比方法确定；同时，要使主轴转速、背吃刀量及进给速度三者能相互适应，以形成最佳切削。

**3. 任务实施**

（1）工件的工艺分析　该零件表面由圆柱、圆锥、顺圆弧、逆圆弧以及螺纹等组成，零件图样尺寸标注完整，加工要求明确，零件材料为 45 钢，比较容易切削加工。

（2）工件装夹方案　设定零件的轴线为定位基准，以工件右端面与零件轴线的交点为工件坐标系的原点，左端采用三爪自定心卡盘定心夹紧。

（3）加工顺序及进给路线　加工顺序按由粗到精、由近到远的原则确定。先车削加工工件右端面，后车削加工工件外圆，从右到左进行粗车（留 0.2～0.3 mm 精车余量），然后从右到左进行精车，最后车削螺纹。CK6150 数控车床 FANUC 0TC 系统的循环指令能以设定的切削参数和进刀路线对零件表面轮廓进行粗、精加工，车削的加工路线如图 1-34所示。

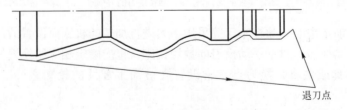

退刀点

图 1-34　车削加工路线

（4）选择切削刀具　车削零件端面和外圆时，粗车的刀具夹紧系统采用压孔式 2 级，可转位刀片型号为 VAMT120408RPF，刀片牌号为 YB235；精车的刀具夹紧系统采用压孔式 5 级，可转位刀片型号为 VCGT120404RPF，刀片牌号为 YB235；车削螺纹的刀具夹紧系统采用压孔式 5 级，可转位刀片型号为 TCGT120404RPF，刀片牌号为 YB235。

（5）选择切削用量　背吃刀量：粗车时为 $a_p = 3$ mm，精车时为 $a_p = 0.25$ mm。

主轴转速：车削直线和圆弧轮廓时，粗车切削速度为 $v_c = 90$ m/min，精车切削速度为 $v_c = 120$ m/min，按公式 $v_c = \pi dn/1000$，计算粗车主轴转速为 $n = 500$ r/min，精车主轴转速为 $n = 1200$ r/min。车削螺纹主轴转速按公式 $n \leqslant 1200/p - k$，计算主轴转速为 $n = 320$ r/min。

进给速度：粗车时进给量为 $f = 0.4$ mm/r，精车时进给量为 $f = 0.15$ mm/r，经换算得进给速度，粗车时为 $V_f = 200$ mm/min，精车时为 $V_f = 180$ mm/min。根据图样中的加工要求，螺纹车削进给量为 $f = 3$ mm/r，经换算得进给速度 $V_f = 960$ mm/min

# 项目小结

本项目主要讨论了数控编程的主要理论基础知识，内容包括机床坐标系的定义、坐标轴正负方向的确定、数控加工工艺以及参数的合理选取、数控刀具及其选用、数控编程实例等。数控编程的基本步骤是按工件的图样要求对工件进行工艺分析，确定加工工艺和工艺参数，然后用数控机床规定的格式和标准的指令，把工艺过程、工艺参数及其辅助操作，按动作顺序编成加工程序；输入数控系统，最后通过伺服系统控制刀具切削工件。

# 课后练习

## 一、填空题

1. 为了准确地判断数控机床的运动方向，特规定永远假设刀具相对于_____坐标而运动。

2. 目前，数控编程所采用的格式为_____程序段格式。

3. 用于编写程序段号码的字为_____。

4. 尺寸字 U、V、W 表示_____坐标，A、B、C 表示_____坐标。

5. 数控系统通常分为车削和铣削两种，用于车削数控系统在系列号后加字母_____，用于铣削数控系统在系列号后加字母_____。

6. 安排_____孔系加工刀具路径的方法有_____两种。

7. 数控加工工艺文件包括_____。

8. 对工件进行车削时，若工件的直径为 $D$（mm），则主轴转速 $n$（r/min）与切削速度 $v$（m/min）的关系表达式是_____或 $n = 1000v/\pi D$（r/min）。

9. 切削用量中，对刀具耐用度影响最大的因素是_____。

10. 用于控制开关量的功能指令是_____。

11. T0400 的含义是_____。

12. 采用恒线速度控制车削带锥度的外圆时，若线速度为 200 m/min，最高转速限定在 1300 r/min，正确的编程格式为_____。

13. 直线进给率的单位为_____，旋转进给率的单位为_____。

14. 只有当机床操作面板上的"选择停止键"被按下，才能生效的暂停指令是_____。

15. 用于进行平面选择的 G 代码是_____。

16. 在编写圆弧插补程序时，如用半径 $R$ 指定圆心位置，不能描述_____。

17. 在程序中，第一次出现 G01、G02、G03 等插补指令时，必须编写_____指令。

18. 在 FANUC 数控系统中，程序段 G04 P2000 的含义是_____。而 G04 X3.0 的含义是_____。

19. 圆心坐标 $I$、$J$、$K$ 表示圆弧_____到圆弧_____所作的矢量分别在 $X$、$Y$、$Z$ 轴上的分矢量。

20. 指令 G41 的含义是_____，指令 G42 的含义是_____。

21. 刀具半径补偿分为_____三个步骤。

22. 取消刀具半径补偿的两种编程方式是_____。

23. 取消刀具长度补偿的两种编程方式是_____。

24. 在铣削加工中，采用顺铣时刀具半径补偿为_____，采用逆铣时刀具半径补偿为_____。

二、选择题

1. 下列叙述中，（　　）不属于数控编程的基本步骤。
   A. 分析图样、确定加工工艺过程　　　　B. 数值计算
   C. 编写零件加工程序单　　　　　　　　D. 确定机床坐标系

2. 程序校验与首件试切的作用是（　　）。
   A. 检查机床是否正常
   B. 提高加工质量
   C. 检验参数是否正确
   D. 检验程序是否正确及零件的加工精度是否满足图纸要求

3. 数控编程时，应首先设定（　　）。
   A. 机床原点　　　B. 工件坐标系　　　C. 机床坐标系　　　D. 固定参考点

4. 加工 $\phi 32_{0}^{+0.03}$ mm 内孔时，合理的工序是（　　）。
   A. 钻—扩—铰　　　　　　　　　　　　B. 粗镗—半精镗—精镗
   C. 钻中心孔—钻底孔—粗镗—精镗　　　D. 钻—粗镗—铰

5. 铣削工件内腔时，一般采用立铣刀侧刃切削，铣刀的切入和切出应尽量（　　）。
   A. 沿轮廓曲线内切圆方向　　　　　　　B. 沿任何方向
   C. 沿轮廓切线方向　　　　　　　　　　D. 沿轮廓法向

6. 刀具刀位点相对于工件运动的轨迹称为加工路线，走刀路线是编写程序的依据之一。下列叙述中，（　　）不属于确定加工路线时应遵循的原则。
   A. 加工路线应保证被加工零件的精度和表面粗糙度
   B. 使数值计算简单，以减少编程工作量
   C. 应使加工路线最短，这样既可以使程序简短，又可以减少空刀时间
   D. 对于既有铣面又有镗孔的零件，可先铣面后镗孔

7. 制订加工方案的一般原则为先粗后精、先近后远、先内后外，程序段最少，（　　）

24

及特殊情况特殊处理。

    A. 走刀路线最短               B. 将复杂轮廓简化成简单轮廓

    C. 将手工编程改成自动编程       D. 将空间曲线转化为平面曲线

8. 选择粗基准时，重点考虑如何保证各加工表面（    ），使不加工表面与加工表面间的尺寸位置符合零件图样中的要求。

    A. 容易加工       B. 切削性能好      C. 进/退刀方便      D. 有足够的余量

9. 切削用量的选择原则是：粗加工时，一般（    ），最后确定一个合适的切削速度 $v$。

    A. 应首先选择尽可能大的背吃刀量 $a_p$，其次选择较大的进给量 $f$

    B. 应首先选择尽可能小的背吃刀量 $a_p$，其次选择较大的进给量 $f$

    C. 应首先选择尽可能大的背吃刀量 $a_p$，其次选择较小的进给量 $f$

    D. 应首先选择尽可能小的背吃刀量 $a_p$，其次选择较小的进给量 $f$

10. G96 S150 表示切削点线速度控制在（    ）。

    A. 150 m/min    B. 150 r/min      C. 150 mm/min     D. 150 mm/r

11. 程序结束，并返回到起始位置的指令是（    ）。

    A. M00         B. M01         C. M02         D. M30

12. 下列辅助功能，用于控制换刀的指令是（    ）。

    A. M05         B. M06         C. M08         D. M09

13. 当执行 M02 指令时，机床（    ）。

    A. 进给停止、切削液关闭、主轴不停

    B. 主轴停止、进给停止、切削液关闭，但程序可以继续执行

    C. 主轴停止、进给停止、切削液未关闭、程序返回至开始状态

    D. 主轴停止、进给停止、切削液关闭、程序结束

14. （    ）指令与其他三个指令不属于同组 G 代码。

    A. G53         B. G54         C. G55         D. G56

15. 在同一程序段中使用两个同组 G 指令，则（    ）。

    A. 最后一个有效   B. 第一个有效      C. 同时有效      D. 视具体情况而定

16. FANUC 系统中，通过中间点返回参考点的指令是（    ）。

    A. G27         B. G28         C. G29         D. G30

17. 程序段写为 G91 G00 X100 Y0 F100；时（    ）。

    A. 刀具以 100 mm/min 的速度移动至（100，0）处

    B. 刀具以机床给定的速度移动至（100，0）处

    C. 刀具以 100 mm/min 的速度在 $X$ 方向上移动 100 mm，$Y$ 方向不动

    D. 刀具以机床给定的速度在 $X$ 方向上移动 100 mm，$Y$ 方向不动

18. 在 G55 中设置的数值是（    ）。

    A. 工件坐标系的原点相对机床坐标系原点的偏移量

    B. 刀具的长度偏差值

    C. 工件坐标系的原点

    D. 工件坐标系原点相对于对刀点的偏移量

19. 数控系统中，（　　）指令在加工过程中是模态的。

    A. G01          B. G27、G28          C. G04          D. M02

20、在使用 G54~G59 指令建立工件坐标系时，就不再用（　　）指令。

    A. G90          B. G17          C. G49          D. G92

21. 程序段 G17 G01 G41 X0 Y0 D01 F150；中的 D01 的含义是（　　）。

    A. 刀具编号                        B. 刀具补偿偏置寄存器的编号

    C. 直接指示刀具补偿的数值        D. 刀具方位的编号

22. 具有刀具半径补偿功能的数控系统，可以利用刀具半径补偿功能简化编程计算；对于大多数数控系统，只有在（　　）移动指令下，才能实现刀具半径补偿的建立和取消。

    A. G40 、G41 和 G42               B. G43、G44 和 G80

    C. G43、G44 和 G49               D. G00 或 G01

23. 对于 FANUC 系统，（　　）指令不能取消长度补偿。

    A. G49          B. G44 H00          C. G43 H00          D. G41

24. 在下列程序段中，能够建立刀具长度补偿的是（　　）程序段。

    A. G01 G42 X100 Y20 D01F200          B. G02 G41 X100 Y20 R50 D01 F200

    C. G01 G43 X100 Z20 H01 F200         D. G03 G42 X100 Y20 R50 H01 F200

25. 在数控铣削加工中，刀具补偿功能除对刀具半径进行补偿外，在用同一把刀进行粗、精加工时，还可进行加工余量的补偿，设刀具半径为 $r$，精加工时半径方向余量为 $\Delta$，则最后一次粗加工走刀的半径补偿量为（　　）。

    A. $r$          B. $r+\Delta$          C. $\Delta$          D. $2r+\Delta$

### 三、判断题

1. 数控加工的主程序号都是由 O×××× 构成，而子程序由 P×××× 构成。（　　）

2. M 功能不能编程变化量（如尺寸、进给速度、主轴转速等），只能控制开关量（如切削液开、关，主轴正、反转，程序结束等）。（　　）

3. 国际标准化组织 ISO 规定，任何数控机床的指令代码必须严格遵守统一格式。（　　）

4. 大部分代码都是非续效（模态）代码。（　　）

5. 数控车床既可以按装夹顺序划分工序，又可以按粗、精加工划分工序。（　　）

6. 铣削加工型腔时，内腔圆弧半径越小，限制所用的刀具直径越小，加工时的切削效率越低，但零件的加工精度会提高。（　　）

7. 型腔加工时，采用行切法加工效率最高，但型腔的加工质量最差。（　　）

8. 数控机床目前主要采用机夹式刀具。（　　）

9. 对刀点和换刀点通常为同一个点。（　　）

10. 恒线速控制的原理是当工件的直径越大，进给速度越慢。（　　）

11. 有些车削数控系统，选择刀具和刀具补偿号只用 T 指令；而铣削数控系统，通常用 T 指令指定刀具，用 D、H 指令指定刀具补偿号。（　　）

12. 用 M02 和 M30 作为程序结束语句的效果是相同的。（　　）

13. G90/G91 是用于绝对/增量尺寸选择的代码，无论什么数控系统，都必须用这两个代码进行绝对/增量尺寸的模式转换。（　　）

14. 在平面内任意两点移动，用 G00 与 G01 编程的刀具运动轨迹相同，只是运动速度不同。（　　）

15. G00 指令下的移动速度可以由 F 代码改变。（　　）

16. 用 $R$ 指定圆弧半径大小时，当 $R$ 为负值时，说明该圆弧的圆心角小于 180°。（　　）

17. 使用快速定位指令 G00 时，刀具运动轨迹可能是折线，因此，要注意防止出现刀具与工件干涉现象。（　　）

18. 对于 FANUC 系统，G43 与 G44 的刀具长度偏置补偿方向是一致的。（　　）

19. 对于没有刀具半径补偿功能的数控系统，编程时不需要计算刀具中心的运动轨迹，可按零件轮廓编程。（　　）

20. 轮廓铣削时，刀具补偿的建立与取消一定在轮廓上才能生效。（　　）

## 四、简答题

1. 编制数控加工程序的主要步骤是什么？

2. 数控编程有哪些种类？分别适合什么场合？

3. 什么是续效（模态）代码？什么是非续效（模态）代码？举例说明。

4. 数控机床的运动方向是如何确定的？

5. 按定位精度最高的原则制定孔系加工工艺路线的目的是什么？

6. 设计螺纹加工刀具路径时，为什么要留引入距离 $\delta_1$ 及引出距离 $\delta_2$？

7. 什么是刀位点？它有何作用？举例说明。

8. 在铣削加工轮廓时，为什么经常采用切向切入、切向切出的辅助程序段？

9. 指令 M00 和 M01 有什么相同点？区别是什么？

10. 在 M 功能代码中，与主轴相关的代码是哪些？

11. 如某一程序没有指定 T 功能，该程序能够正常使用吗？为什么？

12. 配置前置刀架和后置刀架的数控车床，加工圆弧时它的顺逆方向有何区别？

13. 指令 G00 和 G01 有何区别？

## 五、综合题

1. 分别按加工路线最短和定位精度最高的原则编排如图 1-35 所示零件的孔系刀具轨迹程序。

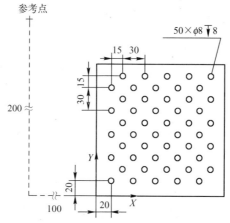

图 1-35　孔系刀具轨迹

2. 根据图 1-36 所示零件的技术要求，编制该零件的数控加工工艺卡片，列出刀具卡片。

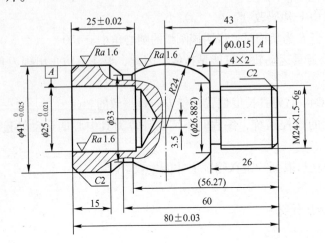

技术要求
1.未注倒角小于C0.5，未注圆角小于R0.5。
2.未注公差尺寸按/T12加工和检验。

$\sqrt{Ra\,3.2}\ (\sqrt{\ })$

图 1-36 典型车削零件

3. 根据图 1-37 所示阶梯轴零件的轮廓尺寸，分别在 G90、G91 方式，用 G00、G01 指令按刀具轨迹（虚线为快速移动轨迹）写出加工程序，并填入程序单中。

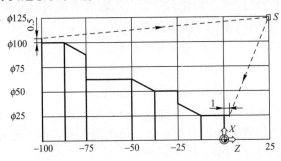

图 1-37 阶梯轴

（1）以 G90 方式编程（表 1-2）

表 1-2 参考程序（G90）

| N | G | X | Z | F |
|---|---|---|---|---|
| 1 | | | | |
| 2 | | | | |
| 3 | | | | |
| 4 | | | | |
| 5 | | | | |
| 6 | | | | |
| 7 | | | | |
| 8 | | | | |
| 9 | | | | |

| N | G | X | Z | F |
|---|---|---|---|---|
| 10 | | | | |
| 11 | | | | |
| 12 | | | | |

（2）以 G91 方式编程（表 1-3）

**表 1-3　参考程序（G91）**

| N | G | X | Z | F |
|---|---|---|---|---|
| 1 | | | | |
| 2 | | | | |
| 3 | | | | |
| 4 | | | | |
| 5 | | | | |
| 6 | | | | |
| 7 | | | | |
| 8 | | | | |
| 9 | | | | |
| 10 | | | | |
| 11 | | | | |
| 12 | | | | |
| 13 | | | | |
| 14 | | | | |

4. 根据图 1-38 所示零件的轮廓尺寸，在 G90 方式，用 G00、G01、G02、G03 指令按刀具轨迹（虚线为快速移动轨迹）写出加工程序，并填入程序单中。

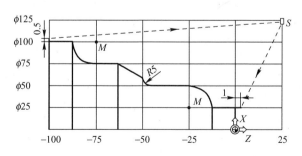

图 1-38　阶梯轴

以 G90 方式编程（表 1-4）

表 1-4 参考程序（G90）

| N | G | X | Z | I | K | F |
|---|---|---|---|---|---|---|
| 1 | | | | | | |
| 2 | | | | | | |
| 3 | | | | | | |
| 4 | | | | | | |
| 5 | | | | | | |
| 6 | | | | | | |
| 7 | | | | | | |
| 8 | | | | | | |
| 9 | | | | | | |
| 10 | | | | | | |
| 11 | | | | | | |

5. 刀具起点在（-40，0），法向切入（-20，0）点，切一个 $\phi40$ mm 的整圆工件，并法向切出返回点（-40，0），刀具轨迹如图 1-39 所示。利用刀具半径补偿指令，编写零件的轮廓加工程序。

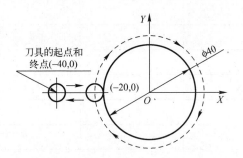

图 1-39 刀具轨迹

# 项目2　数控车床车削加工程序编制

## 学习目标

（1）了解数控车削编程的特点，学习典型数控系统的常用指令与代码。

（2）掌握数控车床典型数控系统常用指令的编程规则及编程方法。

（3）掌握数控车床典型数控系统固定循环指令的编程格式及编程方法。

（4）掌握切槽、螺纹加工等的编程方法。

（5）编制典型零件的车削加工程序。

## 任务2.1　阶梯轴零件加工程序编制

### 1. 任务分析

如图2-1所示简单阶梯轴，已知材料为45钢，毛坯尺寸为$\phi 25\,mm \times 30\,mm$，编写零件的加工程序。

这是简单的阶梯轴，由两段圆柱面$\phi 20\,mm$、$\phi 25\,mm$组成，其中圆柱面$\phi 20\,mm$的表面粗糙度$Ra$值为$1.6\,mm$，需要精加工才能完成。零件的材料为45钢，切削加工性能较好，无热处理和硬度要求。

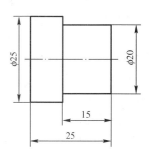

图2-1　简单阶梯轴

### 2. 相关知识

（1）数控车床编程的特点　数控车床主要用于精度要求高、表面粗糙度值要求小，零件形状复杂，单件、小批生产的轴套类、盘类等回转表面的加工；还可以用于钻孔、扩孔、镗孔以及切槽加工；还可以在内、外圆柱面及圆锥面上加工各种螺距的螺纹，主要加工对象如图2-2所示。图2-3所示为普通卧式数控车床，图2-4所示为数控车削加工中心。

图2-2　数控车床的主要加工对象

| 图 2-3　普通卧式数控车床 | 图 2-4　数控车削加工中心 |
|---|---|

1）在一个程序段中，根据被加工零件图样上标注的尺寸，从便于编程的角度出发，可采用绝对尺寸编程、增量尺寸编程或二者混合编程。考虑到开环控制系统数控车床没有位置检测元件，为避免增量尺寸编程可能造成的累积误差，在此类数控车床上加工尺寸精度要求较高的零件时，建议采用绝对尺寸编程。

2）加工零件的毛坯通常为圆棒料，加工余量较大，要加工到图样标注的尺寸需要一层层切削，如果每层加工都编写程序，编程工作量将大大增加。因此，数控系统有毛坯切削循环等不同形式的循环功能，可减少编程工作量。

3）对于刀具位置的变化、刀具几何形状的变化及刀尖圆弧半径的变化，都无须更改加工程序，编程人员可以按照工件的实际轮廓尺寸进行编程。数控车床的数控系统具有刀具补偿功能，编程人员只要将有关参数输入到存储器中，数控系统就能自动进行刀具补偿。这样在电动刀架上不同位置的刀具，虽然在装夹时其刀尖到机床参考点的坐标各不相同，但都可以通过参数的设置实现自动刀具补偿功能，编程人员只要使用实际轮廓尺寸进行编程并正确选择刀具号即可。

4）由于加工零件的图样尺寸及测量尺寸都是直径值，所以通常采用直径尺寸编程。在用直径尺寸编程时，如采用绝对尺寸编程，$X$ 表示直径值；如采用增量尺寸编程，$X$ 表示径向位移量的两倍。在用半径尺寸编程时，如采用绝对尺寸编程，$X$ 表示半径值；如采用增量尺寸编程，$X$ 表示径向位移量。

（2）数控车床坐标系

1）右手直角笛卡儿坐标系。对数控机床中的坐标系和运动方向的命名，我国规定采用标准的右手笛卡儿直角坐标系，由一个直线进给运动或一个圆周进给运动定义一个坐标轴。

标准中规定直线进给运动用右手直角笛卡儿坐标系 $X$、$Y$、$Z$ 表示，通常称为基本坐标轴。围绕 $X$、$Y$、$Z$ 轴旋转的轴用 $A$、$B$、$C$ 表示，称为旋转坐标轴。各坐标轴的相互关系用右手定则决定，如图 2-5 所示。

如图 2-5 所示，大拇指指向为 $X$ 轴的正方向，食指指向为 $Y$ 轴的正方向，中指指向为 $Z$ 轴的正方向。根据右手螺旋定则，若大拇指指向 $+X$、$+Y$ 或 $+Z$ 方向，则食指、中指等的指向是对应旋转轴转向的 $+A$、$+B$、$+C$ 方向。用右手直角笛卡儿坐标系判别卧式车床坐标系，如图 2-6 所示。

2）机床坐标系。机床坐标系是机床固有的坐标系，机床坐标系的原点称为机床原点或机床零点。在机床经过设计、制造和调整后这个原点便被确定下来，是固定点。数控装置在使用前并不知道机床零点，为了正确建立机床坐标系，通常在每个坐标轴的移动范围内设置一个机床参考点（测量起点），机床起动时通常要进行机动或手动回参考点以建立机床坐标系。数控车床的机床原点和机床参考点的关系如所图 2-7 所示。

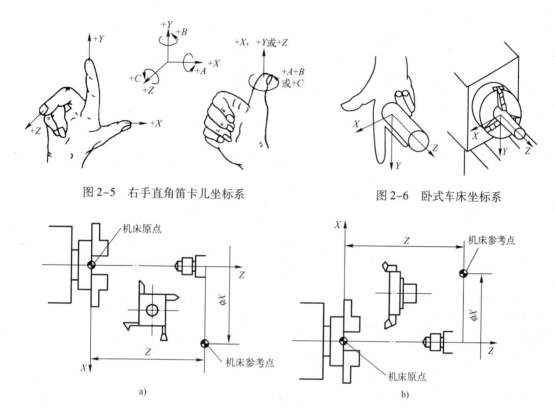

图 2-5　右手直角笛卡儿坐标系　　　　　图 2-6　卧式车床坐标系

图 2-7　机床原点与机床参考点的关系

a）刀架前置的机床参考点　b）刀架后置的机床参考点

前置刀架表示刀架与操作者在同一侧，经济型数控车床和水平导轨的普通数控车床常采用前置刀架，X 轴的正方向指向操作者，如图 2-7a 所示。

后置刀架表示刀架与操作者不在同一侧，倾斜导轨的全功能型数控车床和车削中心常采用后置刀架，X 轴的正方向背向操作者，如图 2-7b 所示。

3）回参考点操作（回零操作）。机床参考点可以与机床零点重合，也可以不重合，通过参数指定机床参考点到机床零点的距离。机床参考点与机床零点不重合的机床，开机后必须进行回参考点操作即回零操作，回到了参考点位置的数控系统要进行反推计算，从而知道该坐标轴的零点位置，找到所有坐标轴的参考点，这样 CNC 就建立起了机床坐标系。

4）数控车床工件坐标系原点的设置。工件坐标系是编程人员在编程时使用的，由编程人员以工件图样上的某一固定点为原点所建立的坐标系，编程尺寸都按工件坐标系中的尺寸确定。为保证编程与机床加工的一致性，工件坐标系也应该是右手笛卡儿坐标系，而且工件装夹到机床上时，应使工件坐标系与机床坐标系的坐标轴方向保持一致。

工件坐标系的原点称为工件原点或编程原点。工件原点在工件上的位置可以任意选择，为了有利于编程，工件原点最好选在工件图样的基准上或工件的对称中心上，例如回转体零件的端面中心、非回转体零件的角边、对称图形的中心等。

在数控车床上加工零件时，工件原点一般设在主轴中心线与工件右端面或左端面的交点处，如图 2-8 所示。

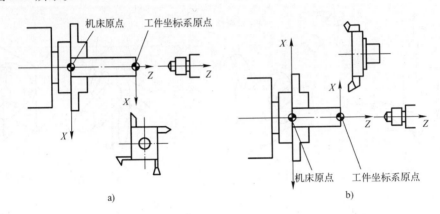

图 2-8　数控车床工件坐标系原点设置

a）刀架前置的工件坐标系　b）刀架后置的工件坐标系

5）刀位点。刀位点是刀具上的一个基准点，刀位点相对运动的轨迹即加工路线，也称为编程轨迹。圆柱铣刀的刀位点是刀具中心线与刀具底面的交点，球头铣刀的刀位点是球头的球心点，车刀的刀位点是刀尖或刀尖圆弧的中心，钻头的刀位点是钻头顶点。

如图 2-9 所示为一些常见车刀的刀位点。其中如图 2-9a、b、f 所示，刀具刀位点并不在刀具上，而是刀具外的一个点，可称之为假想的刀尖，其位置是由对刀方法和刀具特点决定的。

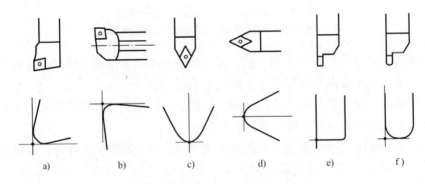

图 2-9　数控车床常见车刀具的刀位点

（3）数控车床的准备功能　准备功能指令又称 G 代码指令，是使数控机床准备好某种运动方式的指令，如快速定位、直线插补、圆弧插补、刀具补偿、固定循环等。G 代码由地址 G 及其后的两位数字组成，从 G00 ~ G99 共 100 种。不同的数控系统，G 代码的功能可能会有所不同，FANUC 系统（数控车床）常用的准备功能 G 代码见表 2-1。具体操作时，编程人员应以数控机床配置的数控系统说明书为准。

表 2-1 FANUC 系统（数控车床）常用的准备功能 G 代码

| G 代码 | 分组 | 功能 | G 代码 | 分组 | 功能 |
|---|---|---|---|---|---|
| ★G00 | 01 | 快速定位 | G65 | 00 | 调用宏程序 |
| G01 | | 直线插补 | G66 | 12 | 调用模态宏程序 |
| G02 | | 顺时针圆弧插补 | ★G67 | | 取消调用模态宏程序 |
| G03 | | 逆时针圆弧插补 | G70 | 00 | 精加工复合循环 |
| G04 | 00 | 暂停 | G71 | | 外圆粗加工复合循环 |
| G20 | 06 | 英制输入 | G72 | | 端面粗加工复合循环 |
| ★G21 | | 公制输入 | G73 | | 固定形状粗加工复合循环 |
| G28 | 00 | 返回参考点 | G74 | | 端面钻孔复合循环 |
| G29 | | 从参考点返回 | G75 | | 外圆切槽复合循环 |
| G32 | 01 | 螺纹切削 | G76 | | 切削螺纹复合循环 |
| ★G40 | 07 | 取消刀尖半径补偿 | G90 | 01 | 内外圆切削单一固定循环 |
| G41 | | 刀尖半径左补偿 | G92 | | 螺纹切削单一固定循环 |
| G42 | | 刀尖半径右补偿 | G94 | | 端面切削单一固定循环 |
| G50 | 00 | 功能1：设定工件坐标系<br>功能2：限制主轴最高转速 | G96 | 02 | 主轴恒线速控制 |
| ★G54 | 14 | 选择工件坐标系1 | ★G97 | | 取消主轴恒线速控制 |
| G55 | | 选择工件坐标系2 | G98 | 05 | 刀具每分钟进给量 |
| G56 | | 选择工件坐标系3 | ★G99 | | 刀具每转进给量 |
| G57 | | 选择工件坐标系4 | | | |
| G58 | | 选择工件坐标系5 | | | |
| G59 | | 选择工件坐标系6 | | | |

注：1. 00 组别的 G 代码为非模态，其他组别均为模态 G 代码。

2. 标有 ★ 的代码为数控系统通电后的默认状态。

3. 在同一个程序段（一行）中，可以同时书写数个不同组的 G 代码。当在同一个程序段中，指令了几个同一组的 G 代码时，则最后指令的 G 代码有效。

1）快速定位指令 G00。

格式：G00 X(U)___ Z(W)___ ;

说明：

① G00 指令使刀具在点位控制方式下从当前点以快移速度向目标点移动，G00 可以简写成 G0。绝对坐标(X、Z)和增量坐标(U、W)可以混编，不运动的坐标可以省略。

② X、U 的坐标值均为直径量。

③ 程序中只有一个坐标值 X 或 Z 时，刀具将沿该坐标方向移动；有两个坐标值 X 和 Z 时，刀具将先以 1:1 步数使两坐标联动，然后单坐标移动，直到终点。

④ G00 快速移动速度由机床设定（X 轴为 12 m/min，Z 轴为 16 m/min），可通过操作面板上的速度修调开关进行调节。

【例2-1】如图 2-10 所示，刀尖从点 A 快进到点 B，分别用绝对坐标、增量坐标和混合坐标方式写出该程序段（直径编程）。

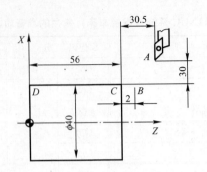

图 2-10 快速定位

绝对坐标方式：G00 X40 Z58；

增量坐标方式：G00 U－60 W－28.5；

混合坐标方式：G00 X40 W－28.5；或 G00 U－60 Z58；

2）直线插补指令 G01。

格式：G01 X(U)＿ Z(W)＿ F＿ ；

说明：

① G01 指令使刀具以 F 指定的进给速度直线移动到目标点，一般将其作为切削加工运动指令，既可以单坐标移动，又可以两坐标同时做插补运动。$X(U)$、$Z(W)$ 为目标点坐标。$F$ 为进给速度（进给率），在 G98 指令下，$F$ 的单位为 mm/min；在 G99（默认状态）指令下，$F$ 的单位为 mm/r。

② 程序中只有一个坐标值 $X$ 或 $Z$ 时，刀具将沿该坐标方向移动；有两个坐标值 $X$ 和 $Z$ 时，刀具将按所给的终点做直线插补运动。

【例 2-2】如图 2-10 所示，刀具从点 $B$ 以 F0.1（$F = 0.1$ mm/r）进给到点 $D$ 的加工程序如下：

G01 X40 Z0 F0.1；

或 G01 U0 W－58 F0.1；

又如图 2-11 所示，刀具沿 $P_0 \rightarrow P_1 \rightarrow P_2 \rightarrow P_3 \rightarrow P_0$ 运动（图中 $P_0 \rightarrow P_1$ 和 $P_3 \rightarrow P_0$ 为 G00 方式；$P_1 \rightarrow P_2 \rightarrow P_3$ 为 G01 方式），加工程序如下：

绝对坐标方式：

| | |
|---|---|
| N030 G00 X50 Z2； | （$P_0 \rightarrow P_1$） |
| N040 G01 Z－40 F0.1； | （$P_1 \rightarrow P_2$） |
| N050 X80 Z－60； | （$P_2 \rightarrow P_3$） |
| N060 G00 X200 Z100； | （$P_3 \rightarrow P_0$） |

增量坐标方式：

| | |
|---|---|
| N030 G00 U－150 W－98； | （$P_0 \rightarrow P_1$） |
| N040 G01 W－42 F0.1； | （$P_1 \rightarrow P_2$） |
| N050 U30 W－20； | （$P_2 \rightarrow P_3$） |
| N060 G00 U120 W160； | （$P_3 \rightarrow P_0$） |

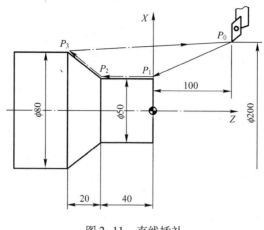

图 2-11　直线插补

（4）华中数控系统绝对值编程与相对值编程

G90：绝对值编程，每个编程坐标轴上的编程值是相对于程序原点而言的，G90 为默认值。

G91：相对值编程，每个编程坐标轴上的编程值是相对于前一位置而言的，该值等于沿轴移动的距离。

用绝对值编程时，用 G90 指令后面的 $X$、$Z$ 表示 $X$ 轴、$Z$ 轴的坐标值；增量编程时，用 $U$、$W$ 或 G91 指令后面的 $X$、$Z$ 表示 $X$ 轴、$Z$ 轴的增量值。

（5）辅助功能　辅助功能字又称 M 功能，主要用于数控机床开关量的控制，表示一些机床辅助动作的指令，用地址码 M 和后面的两位数字表示，有 M00 ~ M99 共 100 种。

辅助功能常常有两种状态的选择模式，比如"开"和"关"，"进"和"出"，"向前"和"向后""进"和"退"，"调用"和"结束"，"夹紧"和"松开"等，相对立的辅助功能是占大多数的。FANUC 系统常用的辅助功能代码见表 2-2。

表 2-2　FANUC 系统常用的辅助功能代码

| M 功能字 | 含　义 | M 功能字 | 含　义 |
|---|---|---|---|
| M00 | 程序停止 | M06 | 换刀 |
| M01 | 计划停止 | M07 | 2 号切削液开 |
| M02 | 程序停止 | M08 | 1 号切削液开 |
| M03 | 主轴顺时针旋转 | M09 | 切削液关 |
| M04 | 主轴逆时针旋转 | M30 | 程序停止并返回开始处 |
| M05 | 主轴旋转停止 | M98 | 调用子程序 |
|  |  | M99 | 返回子程序 |

1）M00、M01、M02 及 M30。在 FANUC 数控系统中，执行 M00，M01，M02，M30 指令时加工程序将停止，按"CYCLE START（循环启动）"键加工程序将执行。

① M00——程序停止。当执行了 M00 指令且完成编有 M00 指令的程序段中的其他指令后，主轴停止，进给停止，切削液关断，程序停止，此时可执行某一手动操作，如数控车床工件调头、手动变速、数控铣床的手动换刀等，重新按"循环启动"按钮，机床将继续执

行下一程序段。

② M01——计划停止（或称选择性停止）。当执行到这一条程序时，以后还执行下一条程序与否，取决于操作人员事先是否按了面板上计划停止按钮，如果没按，那么这一代码就无效，继续执行下一段程序。之所以采用这种方法是为了给操作者一个机会，可以对关键尺寸或项目进行检查，所以在程序编制过程中就留下这样一个环节，如果不需要的话，只要不按计划停止按钮即可。

③ M02——加工程序结束。M02 是程序中最后一段，它使主轴、进给、切削液都停下来，并使数控系统处于复位状态。注意 M00、M01 及 M02 三组代码在应用中有如下不同：

M00 及 M01 都是在程序执行的中间停下来，当然此时还没执行完全部程序，M00 是肯定要停，要重新启动才能继续下去；M01 是不一定停，看操作者是否有这方面的要求；而 M02 是肯定停下且让机床处于复位状态。

④ M30——指令程序结束并返回。M30 指令与 M02 有类似的作用，但 M30 可以使程序返回到开始状态。

2）M03、M04 和 M05。M03、M04 分别是主轴正转、反转。对数控车床，从尾座往主轴向看过去，顺时针是主轴正转，逆时针为反转，如图 2-12 所示。

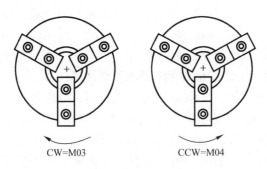

图 2-12　主轴正转、反转

M05 是主轴停指令，表示在执行完所在程序段的其他指令之后停止主轴转动。

3）M07、M08 和 M09。M07、M08 指令是用来打开切削液，M09 指令是用来关闭切削液。

4）M98 和 M99。M98 指令是用来调用子程序；M99 指令是使子程序结束，返回主程序。

**3. 任务实施**

（1）识读零件图，进行工艺分析

1）加工刀具。

① T0101——外圆粗车刀为 93°右偏刀，材料为硬质合金；

② T0202——外圆精车刀为 93°右偏刀，材料为硬质合金；

③ T0303——切断刀刀宽 3mm，材料硬质合金。

2）工艺分析。

① 三爪卡盘装夹，平右端面，粗车尺寸为 $\phi25 \sim \phi25.5\,mm$，保证长度 28.5 mm。

② 粗车尺寸为 $\phi20 \sim \phi20.5\,mm$，保证长度 15 mm。

③ 精车尺寸为 $\phi20\,mm$，保证长度 15；车台阶面。

④ 精车尺寸为 $\phi25\,mm$，保证总长 28.5 mm。

⑤ 切断，保证长度 25.5 mm。

⑥ 掉头装夹，平左端面，保证长度 25 mm。

3）确定切削用量。

粗车时为 $\phi20\sim\phi25\,mm$，进给速度为 0.3 mm/r，主轴转速为 500 r/min。

精车时为 $\phi20\sim\phi25\,mm$，进给速度为 0.1 mm/r，主轴转速为 800 r/min。

4）确定走刀路线

平右端面走刀路线如图 2-13 所示，粗车外圆面走刀路线如图 2-14 所示。

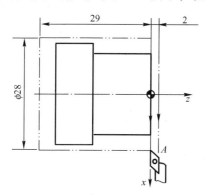

图 2-13　平右端面走刀路线　　　　图 2-14　粗车走刀路线

（2）编制加工程序　加工右端的程序代码如下：

| O0123；| 程序名 |
| N10 G40 G97 G99；| 初始化 |
| N20 S500 M03；| 主轴正转，转速为 500 mm/r |
| N30 T0101；| 调用第一把粗加工刀具 |
| N40 G00 X28 Z0；| 快速走到起点 |
| N50 G01 X0 F0.2；| 平端面 |
| N60 G00 Z2；| 快速走到 Z 向进刀点 |
| N70 X25.5；| 快速走到 X 向进刀点 |
| N80 G01 Z-28.5 F0.2；| 粗车第一刀 |
| N90 X28；| 退刀 |
| N100 G00 Z2；| 返回 |
| N110 X22.5；| 进刀 |
| N120 G01 Z-15 F0.2；| 粗车第二刀 |
| Nl30 X28；| 退刀 |
| Nl40 G00 Z2；| 返回 |
| Nl50 X21；| 进刀 |
| Nl60 G01 Z-15 F0.2；| 粗车第三刀 |
| Nl70 X28；| 退刀 |
| Nl80 G00 Z2；| 返回 |
| Nl90 X20.5；| 进刀 |

| N200 G01 Z – 15 F0.2; | 粗车第四刀 |
| N210 X28; | 退刀 |
| N220 G00 X100 Z50; | 换刀点 |
| N230 T0202; | 换精加工刀具 |
| N240 G00 X20 Z2; | 进刀点 |
| N250 G01 Z – 15 F0.2; | 精车尺寸为 $\phi20\,mm$ |
| N260 X25; | 精车台阶面 |
| N270 G01 Z – 28.5 F0.2; | 精车尺寸为 $\phi25\,mm$ |
| N280 X28; | 退刀 |
| N290 G00 X100 Z50; | 换刀点 |
| N300 T0303; | 换切断刀 |
| N310 G00 X28 Z – 28.5; | 进刀点,刀宽3mm |
| N320 G01 X0 F0.2; | 切断 |
| N330 G00 X100 Z50; | 返回 |
| N340 M05; | 主轴停止 |
| N350 M30; | 程序停止 |

## 任务2.2　外圆锥面零件加工程序编制

### 1. 任务分析

车削如图 2-15 和图 2-16 所示的阶梯轴,毛坯都为 $\phi60\,mm \times 100\,mm$,材料为 45 钢。

图 2-15 和图 2-16 所示的零件都是毛坯余量较大,或直接用棒料毛坯进行精车前粗车的零件。图 2-15 所示的零件轴向余量较大,可用 G90 完成;图 2-16 所示的零件径向余量较大,可用 G94 来完成 $\phi10\,mm \times 5\,mm$ 外圆面加工。

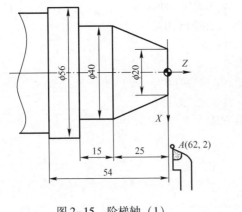

图 2-15　阶梯轴(1)

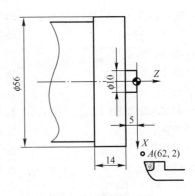

图 2-16　阶梯轴(2)

### 2. 相关知识

(1) 数控车床切削用量　数控车床加工的切削用量包括切削速度 $v_c$(或主轴转速 $n$)、背吃刀量(也称切削深度)$a_p$ 和进给速度 $v_f$,其选用原则与普通车床基本相似,合理选择切削用量的原则是:粗加工时,以提高劳动生产率为主,选用较大的切削量;半精加工和精加工时,选用较小的切削量,以保证工件的加工质量。

1）背吃刀量 $a_p$。在工艺系统刚性和车床功率允许的条件下，尽可能选取较大的切削深度，以减少进给次数。当工件的精度要求较高时，则应考虑留有精加工余量，一般为 $0.1 \sim 0.5$ mm。背吃刀量 $a_p$ 计算公式

$$a_p = \frac{d_w - d_m}{2}$$

式中　$d_w$——待加工表面外圆直径，单位为 mm；
　　　$d_m$——已加工表面外圆直径，单位为 mm。

2）切削速度 $v_c$。
① 车削光轴切削速度 $v_c$。该切削速度由工件材料、刀具的材料及加工性质等因素所确定，表 2-3 所列为硬质合金外圆车刀切削速度参考表。

切削速度 $v_c$ 计算公式

$$v_c = \frac{\pi d n}{1000}$$

式中　$d$——工件或刀尖的回转直径，单位为 mm；
　　　$n$——工件或刀具的转速，单位为 r/min。

表 2-3　硬质合金外圆车刀切削速度参考表

| 工 件 材 料 | 热处理状态 | $a_p = 0.3 \sim 2$ mm<br>$f = 0.08 \sim 0.3$ mm/r<br>$v_c / \text{m} \cdot \text{min}^{-1}$ | $a_p = 2 \sim 6$ mm<br>$f = 0.3 \sim 0.6$ mm/r<br>$v_c / \text{m} \cdot \text{min}^{-1}$ | $a_p = 6 \sim 10$ mm<br>$f = 0.6 \sim 1$ mm/r<br>$v_c / \text{m} \cdot \text{min}^{-1}$ |
|---|---|---|---|---|
| 低碳钢易切削钢 | 热轧 | $140 \sim 180$ | $100 \sim 120$ | $70 \sim 90$ |
| 中碳钢 | 热轧 | $130 \sim 160$ | $90 \sim 110$ | $60 \sim 80$ |
| | 调质 | $100 \sim 130$ | $70 \sim 90$ | $50 \sim 70$ |
| 合金工具钢 | 热轧 | $100 \sim 130$ | $70 \sim 90$ | $50 \sim 70$ |
| | 调质 | $80 \sim 110$ | $50 \sim 70$ | $40 \sim 60$ |
| 工具钢 | 退火 | $90 \sim 120$ | $60 \sim 80$ | $50 \sim 70$ |
| 灰铸铁 | HBS < 190 | $90 \sim 120$ | $60 \sim 80$ | $50 \sim 70$ |
| | HBS = 190 ~ 225 | $80 \sim 110$ | $50 \sim 70$ | $40 \sim 60$ |
| 高锰钢 | | | $10 \sim 20$ | |
| 铜及铜合金 | | $200 \sim 250$ | $120 \sim 180$ | $90 \sim 120$ |
| 铝及铝合金 | | $300 \sim 600$ | $200 \sim 400$ | $150 \sim 200$ |
| 铸铝合金 | | $100 \sim 180$ | $80 \sim 150$ | $60 \sim 100$ |

注：表中刀具材料切削钢及灰铸铁时耐用度约为 60 min。

② 车削螺纹主轴转速 $n$。切削螺纹时，车床的主轴转速受加工工件螺距（或导程）的大小、驱动电动机升降特性及螺纹插补运算速度等多种因素影响，因此对于不同的数控系统，车削螺纹主轴转速 $n$ 存在一定的差异。下列为一般数控车床车螺纹时主轴转速计算公式

$$n \leqslant \frac{1200}{P} - k$$

式中　$P$——工件螺纹的螺距或导程，单位为 mm；
　　　$k$——保险系数，一般为 80。

3）进给速度。进给速度是指单位时间内，刀具沿进给方向移动的距离，单位为 mm/min；也可用进给量 $f$ 表示，为主轴旋转一周刀具的进给量，单位为 mm/r。

① 确定进给速度的原则。

a. 当工件的加工质量能得到保证时，为提高生产率可选择较高的进给速度。

b. 切断、车削深孔或精车时，选择较低的进给速度。

c. 刀具空行程尽量选用高的进给速度。

d. 进给速度应与主轴转速和切削深度相适应。

② 进给速度 $v_f$ 的计算。公式为

$$v_f = nf$$

式中　$n$——车床主轴的转速，单位为 r/min；

　　　$f$——刀具的进给量，单位为 mm/r。

硬质合金车刀粗车外圆和端面进给量参考表见表2-4。

表 2-4　硬质合金车刀粗车外圆及端面进给量参考表

| 工件材料 | 刀杆尺寸 | 工件直径 | 背吃刀量/mm | | | | |
| --- | --- | --- | --- | --- | --- | --- | --- |
| | | | ≤3 | >3~5 | >5~8 | >8~12 | >12 |
| | | | 进给量 $f$/(mm/r) | | | | |
| 碳素结构钢、合金结构钢及耐热钢 | 16×25 | 20 | 0.3~0.4 | | | | |
| | | 40 | 0.4~0.5 | 0.3~0.4 | | | |
| | | 60 | 0.5~0.7 | 0.4~0.6 | 0.3~0.5 | | |
| | | 100 | 0.6~0.9 | 0.5~0.7 | 0.5~0.6 | 0.4~0.5 | |
| | | 400 | 0.8~1.2 | 0.7~1.0 | 0.6~0.8 | 0.5~0.6 | |
| | 20×30 25×25 | 20 | 0.3~0.4 | | | | |
| | | 40 | 0.4~0.5 | 0.3~0.4 | | | |
| | | 60 | 0.5~0.7 | 0.5~0.7 | 0.4~0.6 | | |
| | | 100 | 0.8~1.0 | 0.7~0.9 | 0.5~0.7 | 0.4~0.7 | |
| | | 400 | 1.2~1.4 | 1.0~1.2 | 0.8~1.0 | 0.6~0.9 | 0.4~0.6 |
| 铸铁及铜合金 | 16×25 | 40 | 0.4~0.5 | | | | |
| | | 60 | 0.5~0.8 | 0.5~0.8 | 0.4~0.6 | | |
| | | 100 | 0.8~1.2 | 0.7~1.0 | 0.6~0.8 | 0.5~0.7 | |
| | | 400 | 1.0~1.4 | 1.0~1.2 | 0.8~1.0 | 0.6~0.8 | |
| | 20×30 25×25 | 40 | 0.4~0.5 | | | | |
| | | 60 | 0.5~0.9 | 0.5~0.8 | 0.4~0.7 | | |
| | | 100 | 0.9~1.3 | 0.8~1.2 | 0.7~1.0 | 0.5~0.8 | |
| | | 400 | 1.2~1.8 | 1.2~1.6 | 1.0~1.3 | 0.9~1.1 | 0.7~0.9 |

（2）外圆（内孔）切削循环指令 G90　G90 指令格式：

圆柱面车削循环的编程格式：G90 X（U）__ Z（W）__ F __。

圆锥面车削循环的编程格式：G90 X（U）__ Z（W）__ R __ F __。

$R$ 为圆锥面起点半径与终点半径的差值，有正负号之分，轮廓左大右小时 $R$ 为负值。

说明：

1）G90 为模态代码，使用 G90 循环指令进行粗车加工时，每次车削一层余量。当需要多次进刀时，只需按背吃刀量依次改变 X 的坐标值，则循环过程将依次重复执行。

2）X、Z 为终点坐标，U、W 为终点相对于起点坐标值的增量。如图 2-17 所示为圆柱面车削循环，图中 R 表示快速进给，F 为按指定速度进给。用增量坐标编程时地址 U、W 的符号由轨迹 1、2 的方向决定，沿负方向移动为负号，否则为正号。单程序段加工时，按一次循环启动键，可进行 1、2、3、4 的轨迹操作。

图 2-18 所示为圆锥面车削循环，图中 R 表示圆锥体大小端的差值，X（U）、Z（W）的意义同 G90 指令。用增量坐标编程时要注意 R 的符号，确定方法是锥面起点坐标大于终点坐标时为正，反之为负。G90 指令可用来车削外圆，也可用来车削内径。

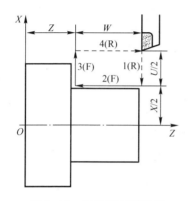

图 2-17　圆柱面车削循环

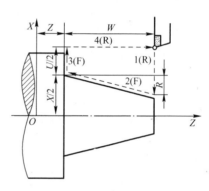

图 2-18　圆锥面车削循环

3）G90、G92、G94 都是模态量，当这些代码在没有被同组的其他代码（G00、G01）取代以前，程序中又出现 M 功能代码时，则先将 G90、G92、G94 代码重新执行一遍，然后才执行 M 功能代码，这一点在编程时要特别注意。

【例 2-3】如图 2-19 所示，运用外圆切削循环指令编程。

G90 X40 Z20 F30；　　　　　　　　　　$A-B-C-D-A$

　　　X30；　　　　　　　　　　　　　　$A-E-F-D-A$

　　　X20；　　　　　　　　　　　　　　$A-G-H-D-A$

【例 2-4】如图 2-20 所示，运用锥面切削循环指令编程。

G90 X40 Z20 R-5 F30；　　　　　　　　$A-B-C-D-A$

　　　X30；　　　　　　　　　　　　　　$A-E-F-D-A$

　　　X20；　　　　　　　　　　　　　　$A-G-H-D-A$

（3）端面切削循环 G94　G94 指令格式如下：

G94 X（U）__ Z（W）__ F __；

X（U）、Z（W）为车削循环中车削进给路线的终点坐标。

说明：

G94 为模态代码，使用 G94 循环指令进行粗车加工时，每次车削一层余量。当需要多次进刀时，只需按背吃刀量依次改变 Z 的坐标值，则循环过程将依次重复执行。

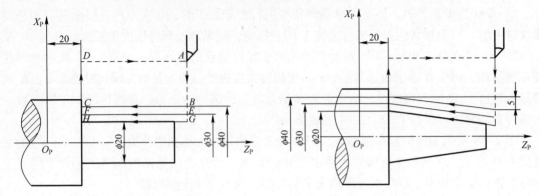

图 2-19 外圆切削循环应用　　　　图 2-20 锥面切削循环应用

【例 2-5】 如图 2-21 所示，运用端面切削循环指令编程。

G94 X20 Z16 F30；　　　　　　$A - B - C - D - A$
　　Z13；　　　　　　　　　　$A - E - F - D - A$
　　Z10；　　　　　　　　　　$A - G - H - D - A$

【例 2-6】 如图 2-22 所示，运用带锥度端面切削循环指令编程。

G94 X20 Z34 R-4 F30；　　　　$A - B - C - D - A$
　　Z32；　　　　　　　　　　$A - E - F - D - A$
　　Z29；　　　　　　　　　　$A - G - H - D - A$

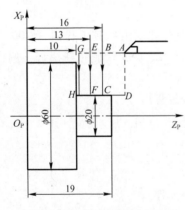
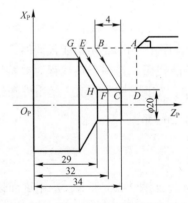

图 2-21 端面切削循环应用　　　　图 2-22 带锥度的端面切削循环应用

（4）华中数控系统切削循环指令

1）圆柱面内（外）径切削循环。

格式：G80 X ＿ Z ＿ F ＿；

说明：

X、Z：绝对值编程时，为切削终点在工件坐标系下的坐标；增量值编程时，为切削终点相对于循环起点的径向距离。

2）圆锥面内（外）径切削循环。

格式：G80 X ＿ Z ＿ I ＿ F ＿；

说明：

$X$、$Z$：绝对值编程时，为切削终点在工件坐标系下的坐标；增量值编程时，为切削终点相对于循环起点的径向距离。

$I$：为切削起点与切削终点的半径差。

3）圆柱端面切削循环。

格式：G81 X __ Z __ F __ ;

说明：

X、Z：绝对值编程时，为切削终点在工件坐标系下的坐标；增量值编程时，为切削终点相对于循环起点的径向距离。

4）圆锥端面切削循环。

格式：G81 X __ Z __ K __ F __ ;

说明：

$X$、$Z$：绝对值编程时，为切削终点在工件坐标系下的坐标；增量值编程时，为切削终点相对于循环起点的径向距离。

$K$：为切削起点相对于切削终点的 $Z$ 向距离。

**3. 任务实施**

（1）准备工作　编程原点都确定在该轴右端面中心处，所用操作系统为 FANUC – 0i，刀架前置。工件材料为 45 钢，各切削参数选用如下：主轴转速为 $S = 800\ r/min$，进给量为 $f = 0.2\ mm/r$。如图 2-15 所示，选 1 号 90°外圆车刀；如图 2-16 所示，选 2 号 90°左偏刀，固定循环点都为（62，2）。

（2）图 2-15 所示零件程序清单

| | |
|---|---|
| O0020； | |
| N01 T0101； | 选 1 号刀 |
| N05 M03 S800； | 主轴正转，转速为 800 r/min |
| N10 G00 X62 Z2； | 点位移动至编程循环起点 |
| N12 G90 X58.0 Z – 56.0 F0.2； | 沿 X 轴切至 Z = – 56 mm 的位置，多切 2 mm |
| N15 X56.0； | X 方向背吃刀量为 1 mm |
| N20 X54.0 Z – 40； | 切至（X54.0，Z – 40）的位置 |
| N25 X52.0； | 切至（X52.0，Z – 40）的位置 |
| N30 X50.0； | 切至（X50.0，Z – 40）的位置 |
| N35 X48.0； | 切至（X48.0，Z – 40）的位置 |
| N40 X46.0； | 切至（X46.0，Z – 40）的位置 |
| N45 X44.0； | 切至（X44.0，Z – 40）的位置 |
| N50 X42.0； | 切至（X42.0，Z – 40）的位置 |
| N55 X40.0； | 切至（X40.0，Z – 40）的位置 |
| N60 G90 X58.0 Z – 25.0 R – 10.0 F0.2； | 切圆锥面 |
| N65 X56.0； | 切至（X56.0 Z – 25）的位置 |
| N70 X54.0； | 切至（X54.0 Z – 25）的位置 |
| N75 X52.0； | 切至（X52.0 Z – 25）的位置 |
| N80 X50.0； | 切至（X50.0 Z – 25）的位置 |

N85 X48.0;　　　　　　　　　　切至(X48.0 Z-25)的位置

N90 X46.0;　　　　　　　　　　切至(X46.0 Z-25)的位置

N95 X44.0;　　　　　　　　　　切至(X44.0 Z-25)的位置

N100 X42.0;　　　　　　　　　　切至(X42.0 Z-25)的位置

N110 X40.0;　　　　　　　　　　切至(X40.0,Z-25)的位置

N115 G00 X100.0 Z100.0;　　　　直接退刀至(X100.0,Z100.0)的位置

N120 M05;　　　　　　　　　　　主轴停转

N125 M30;　　　　　　　　　　　程序结束

（3）图2-16所示零件程序清单

O0030;

N05 T0101;　　　　　　　　　　　1号刀加工

N08 M03 S800;　　　　　　　　　主轴正转,转速为800r/min

N10 G00 X62.0 Z2.0　　　　　　　点位移动至起点位置A

N12 G01 Z0.0;　　　　　　　　　切至(X62.0,Z0)的位置

N14 G01 X58.0;　　　　　　　　切至(X58.0,Z0)的位置

N16 X58.0 Z-20.0 F0.2;　　　　切外圆至(X58.0,Z-20)的位置

N18 G00 X60.0;　　　　　　　　X方向退刀

N20 G00 X60.0 Z0;　　　　　　　Z方向退刀

N22 G01 X56.0 Z0;　　　　　　　切至(X56.0,Z0)的位置

N24 X56.0 Z-20;　　　　　　　　1号刀切至(X56,Z-20)的位置,背吃刀量为1mm,切外圆

N30 G00 X60.0;　　　　　　　　X方向退刀

N40 X100.0 Z100.0;　　　　　　　1号刀快速退刀

N45 T0202;　　　　　　　　　　换2号刀加工

N50 G00 X62.0 Z2.0;　　　　　　点位移动至起点位置A

N95 G94 X10.0 Z-2 F0.2;　　　　2号刀G94加工,切端面

N100 Z-4;　　　　　　　　　　　Z方向进刀至Z=-4mm

N105 Z-5.0;　　　　　　　　　　循环切至φ10mm×5mm

N110 G00 X100.0 Z100.0;　　　　2号刀直接退刀至X100.0 Z100.0

N120 M05;　　　　　　　　　　　主轴停转

N125 M30;　　　　　　　　　　　程序结束

说明:

一般循环指令G90、G94和复合车削循环G71、G72、G73相比,G90、G94可以加工特殊的工件,能自行设定每次的进给量,但编程有些复杂。

## 任务2.3　成型面零件加工程序编制

### 1. 任务分析

车削如图2-23所示的轴,毛坯为φ52 mm×100 mm,材料为45钢。

这是一个加工轴轮廓的任务,有直线和圆弧,用基本编程指令G00、G01、G02、G03即可完成。

## 2. 相关知识

（1）设定工件坐标系指令（G50）

指令格式：G50　X ___ Z ___；

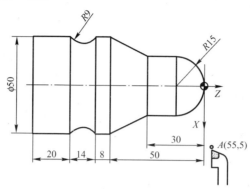

图 2-23　轴

指令功能：通过刀具起点或换刀点的位置设定工件坐标系原点。

指令说明：G50 指令后面的坐标值表示刀具起点或换刀点在工件坐标系中的坐标值。

在编写加工程序时，将工件坐标系的原点设定在工件的设计基准与工艺基准处，工件坐标系又称为编程坐标，其原点又称为编程原点或编程零点。如图 2-24 所示的点 $O_p$，这样设定对编写程序带来很大的方便。

G50 指令的功能是通过设置刀具起点或换刀点相对于工件坐标系的坐标值来建立工件坐标系，这里的刀具起点或换刀点是指车刀或镗刀的刀尖位置。设置换刀点的原则是，既要保证换刀时刀具不碰撞工件，又要保证换刀时的辅助时间最短。如图 2-24 所示，设定换刀点距工件坐标系原点在 Z 轴方向的距离为 B，在 X 轴方向距离为 A（直径值），执行程序段中指令 G50　XA　ZB 后，在系统内部建立了以 $O_p$ 为原点的工件坐标系。

设置工件坐标系时，刀具起点的位置可以不变，通过 G50 指令的设定，把工件坐标系原点设在所需要的工件位置上，如图 2-25 所示。

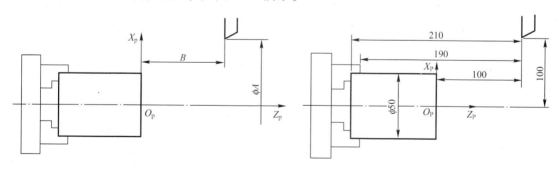

图 2-24　刀具起点设置（工件坐标系）　　　　图 2-25　设置工件坐标系

工件坐标系原点设定在工件左端面位置：G50 X200 Z210；

工件坐标系原点设定在工件右端面位置：G50 X200 Z100；

工件坐标系原点设定在卡爪前端面位置：G50 X200 Z190。

显然，当 G50 指令中的相对坐标值 A、B 不同或改变刀具的起点位置时，所设定工件坐标系原点的位置也会发生变化。

通过对刀操作，运用 G50 指令可以建立起刀点或换刀点相对于工件坐标系原点的位置关系，具体操作步骤如下：

1）回参考点操作。用 HOME（回参考点）方式，进行回参考点操作，通过刀具返回机床零点来消除刀具运行中插补的累积误差。

2）试切削操作。用手动方式操纵机床，首先切削工件外圆表面，然后保持刀具在 $X$ 方向上的位置不变，沿 $Z$ 方向退刀，记录显示在屏幕上 $X$ 方向坐标值 $X_t$，并测量试切后的工件外圆直径 $D$。然后切削工件的右端面，保持刀具在 $Z$ 方向上的位置不变，沿 $X$ 方向退刀，记录显示屏幕上 $Z$ 方向坐标值 $Z_t$。

3）设定刀具起点位置。用手摇脉冲发生器移动刀具，使刀具移动至 CRT 屏幕上所显示的坐标位置 $(X_t + A - D, Z_t + B)$，将刀尖置于所要求的起刀点位置 $(A, B)$ 上，此时若执行 G50 XA ZB 指令代码，则 CRT 屏幕显示新的刀尖坐标位置 $(A, B)$，即数控系统将用新建立的工件坐标系取代了原来的坐标系。

用 G50 指令还可控制零件的加工精度，如果数控车床加工零件的直径尺寸偏差超出了极限偏差，可用工件坐标系平移的方法控制加工尺寸：一种方法是刀具起点位置不变，改变 G50 程序段中的 $X$ 坐标值 $A$，坐标值 $A$ 随加工尺寸偏大而做相应的增加，反之，坐标值 $A$ 随加工尺寸偏小而做相应的减小；另一种方法是 G50 程序段中坐标值不变，改变刀具起点的位置，刀具起点距 $Z$ 轴的距离随加工尺寸偏大而做相应的减小，反之，刀具起点距 $Z$ 轴的距离随加工尺寸偏小而做相应的增大。使用这两种方法，在执行 G50 指令后都能调整加工尺寸的偏差。

有的数控系统用 G54 指令确定工件坐标系 $X_pO_pZ_p$ 相对机床坐标系 $OXZ$ 的位置，以此方法建立工件坐标系，G54 指令中 $X$、$Z$ 表示工件坐标系原点在机床坐标系中的坐标值。

【例 2-7】设 $O_p$ 点为工件坐标系原点，$O_p$ 点在机床坐标系中的坐标值为 $(0, 150)$，用 G54 指令设置工件坐标系。

G54　X0　Z150

（2）圆弧插补指令（G02、G03）　该指令命令刀具在 $OXZ$ 坐标平面内，按指定的进给速度 $F$ 进行圆弧插补运动，切削出圆弧轮廓。G02 为顺时针圆弧插补指令，G03 为逆时针圆弧插补指令。

指令格式：

G02 X(U)＿ Z(W)＿ I＿ K＿ F＿ ；或　G02 X(U)＿ Z(W)＿ R＿ F＿ ；
G03 X(U)＿ Z(W)＿ I＿ K＿ F＿ ；或　G03 X(U)＿ Z(W)＿ R＿ F＿ ；

1）该指令控制刀具按所需圆弧运动。X、Z 表示圆弧终点的绝对坐标，U、W 表示圆弧终点相对于圆弧起点的增量坐标，R 表示圆弧半径，I、K 表示圆心相对于圆弧起点的增量坐标，F 表示进给速度。

2）X、U、I 均采用直径量编程。

3）顺时针圆弧与逆时针圆弧的判别方法。在使用 G02 或 G03 指令之前，要正确判别刀具在加工零件时是按顺时针路径做圆弧插补运动，还是按逆时针路径做圆弧插补运动。在 $OXZ$ 平面内向 $Y$ 轴的负方向看去，刀具相对于工件进给的方向顺时针为 G02，逆时针为 G03。在地址 F 下编程的进给率决定圆弧插补的速度。G02 和 G03 指令在程序中一直有效，直到被同组中其他 G 功能指令取代为止。

【例 2-5】如图 2-26 所示的工件，起刀点为（20，2），加工顺时针圆弧的程序如下：
绝对坐标方式：

N50 G01 X20 Z – 30 F0.1；
N60 G02 X40 Z – 40 R10 F0.08；

增量坐标方式：

N50 G01 U0 W – 32 F0.1；
N60 G02 U20 W – 10 I20 K0 F0.08；

【例 2-6】如图 2-27 所示的工件，起刀点为(28,2)，加工逆时针圆弧的程序如下：
绝对坐标方式：

N50 G01 X28 Z – 40 F0.1；
N60 G03 X40 Z – 46 R6 F0.08；

增量坐标方式：

N50 G01 U0 W – 42 F0.1；
N60 G03 U12 W – 6 R6 F0.08；

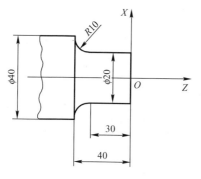

图 2-26  顺时针车圆弧

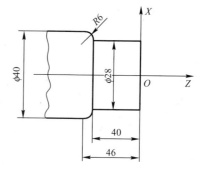

图 2-27  逆时针车圆弧

### 3. 任务实施

（1）准备工作  编程原点确定在该轴右端面的中心处，所用的操作系统为 FANUC 0i，刀架前置，工件材料为 45 钢，各切削参数选用如下：主轴转速为 $S = 1000\ \mathrm{r/min}$，进给量为 $f = 0.1\ \mathrm{mm/r}$。1 号刀为 90° 外圆车刀，用于车削外形。

（2）程序清单

| N05 G00 X60 Z100.0； | 点位移动至换刀点位置 |
| N08 T0101； | 换 1 号刀加工 |
| N10 M03 S800 M07； | 主轴正转,转速为 800 r/min,打开切削液 |
| N12 G00 X55 Z5.0 ； | 点位移动至起点位置 A |
| N15 G01 X0 Z5.0 F0.1； | 沿 – X 向进刀 |
| N18 G01 X0 Z0.0 F0.1； | 沿 Z 向进刀 |
| N20 G03 X30.0 Z – 15 R15.0 F0.08； | 切 R15 的圆弧 |

| | |
|---|---|
| N25 G01 Z – 30.0 F0.12; | 切圆柱轮廓至 Z = – 30 mm 的位置 |
| N30 G01 X50.0 Z – 50.0; | 切圆锥轮廓至(X50,Z – 50)的位置 |
| N35 Z – 58.0; | 切圆柱轮廓至 Z = – 58 mm 的位置 |
| N40 G02 X50 Z – 72.0 R9.0 F0.08; | 切 R9 的圆弧 |
| N45 G01 Z – 95 F0.1; | 切圆柱轮廓至 Z = – 95 mm 的位置 |
| N50 G00 X55; | 沿 X 向退刀 |
| N55 Z5; | 沿 Z 向退刀 |
| N60 X100 Z200; | 退刀至(X100,Z200)的位置 |
| N65 M05 M09; | 主轴停转,关闭切削液 |
| N70 M30; | 程序结束 |

## 任务 2.4  毛坯零件粗加工固定循环程序编制

### 1. 任务分析

车削如图 2–28 所示的阶梯轴零件,毛坯尺寸为 $\phi 50$ mm × 100 mm。

本任务是一个加工阶梯轴零件的任务,毛坯棒料有较大余量,可用外圆粗车固定循环指令 G71 配合 G70 加工。复合型车削固定循环指令 G71,能使程序进一步得到简化,大大提高加工效率。

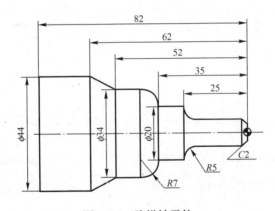

图 2–28  阶梯轴零件

### 2. 相关知识

这类循环指令用于无法一次走刀即能加工到规定尺寸的场合,主要在粗车和多次走刀车螺纹的情况下使用。如在一根棒料上车削阶梯直径相差较大的轴,或车削铸、锻件的毛坯余量时都有一些重复进行的动作,且每次走刀的轨迹相差不大。利用复合固定循环指令,只要编出最终走刀路线,给出每次切除的余量深度或循环次数,车床即可自动地重复切削,直到工件完成为止。主要有以下几种复合固定循环指令:

(1) 外圆 (内孔) 粗车循环指令 G71

1) 适用情况。G71 指令适用于棒料毛坯粗车外圆或粗车内径,以切除毛坯的较大余量,可用于两种类型的粗车加工:

① 零件轮廓在 X 和 Z 方向上的坐标值必须是单调增加或减小。

② 零件轮廓在 X 方向上的坐标值不是单调变化的，允许有凹槽，但在 Z 方向上必须是单调变化的。

2）指令格式。

G71　U(Δd)　R(e)；

G71　P(ns)　Q(nf)　U(Δu)　W(Δw)　F __　S __；

N(ns)……；

……

N(nf)……；

其中　Δd——粗加工时每次的进刀量（半径值），无符号；

　　　e——退刀量，该参数为模态值，在指定另一个值前保持不变；

　　　ns——精车程序第一个程序段的顺序号；

　　　nf——精车程序最后一个程序段的顺序号；

　　　Δu——X 方向上预留的精车余量（直径值）；

　　　Δw——Z 方向上预留的精车余量。

说明：

① 在粗车循环过程中，从 N(ns) 到 N(nf) 之间程序段中的功能均被忽略，只有 G71 指令中指定的 F、S 功能有效，刀具循环路径如图 2-29 所示。

② 在粗车循环过程中，刀尖半径补偿功能无效。

【例 2-8】如图 2-30 所示，运用外圆粗加工循环指令编程。参考程序如下：

| | |
|---|---|
| N010 G50 X150 Z100； | 设定坐标系,点位移动至换刀点位置 |
| N015 T0101 M03 S800 M09； | 换 1 号刀,主轴正转,转速为 800r/min,打开切削液 |
| N020 G00 X41 Z0； | 点位移动至(X41、Z0)点位置 |
| N030 G71 U2 R1； | 粗车循环,每次进刀量2,退刀量1 |
| N040 G71 P50 Q120 U0.5 W0.2 F100 ； | 粗车循环,X方向预留精车余量0.5mm,Z方向预留精车余量0.2mm |
| N050 G01 X0 Z0； | 进刀至(X0,Z0)的位置 |
| N060 G03 X11 W−5.5 R5.5； | 切R5.5的圆弧 |
| N070 G01 W−10； | 切圆柱轮廓至 Z = −15.5mm 的位置 |
| N080 X17 W−10； | 切圆锥轮廓至(X17,Z−25.5)的位置 |
| N090 W−15； | 切圆柱轮廓至 Z = −40.5mm 的位置 |
| N100 G02 X29 W−7.348 R7.5； | 切R7.5的圆弧 |
| N110 G01 W−12.652； | 切圆柱轮廓至 Z = −40.5mm 的位置 |
| N120 X41； | 切圆柱轮廓至 Z = −60.5mm 的位置 |
| N130 G70 P50 Q120 F30； | 精加工外轮廓 |
| N140 G00 X100 Z100； | 退刀至(X100,Z100)的位置 |
| N150 M05 M09； | 主轴停转,关闭切削液 |
| N160 M30； | 程序结束 |

（2）端面粗加工循环指令 G72

格式：G72　W(Δd)　R(e)；

G72 P(ns) Q(nf) U(Δu) W(Δw) F__ S__ T;

说明：G72 指令适用于圆柱毛坯材料端面方向上的加工，刀具的循环路径如图 2-31 所示。G72 指令与 G71 指令类似，不同之处就是刀具路径是按径向方向循环的。

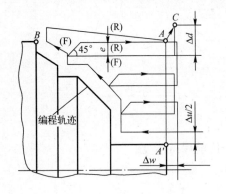

图 2-29　直端面车削循环图

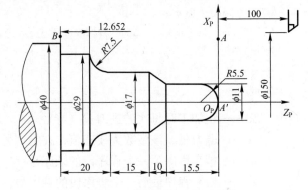

图 2-30　外圆粗加工循环应用

**【例 2-9】** 如图 2-32 所示，运用端面粗加工循环指令编程。参考程序如下：

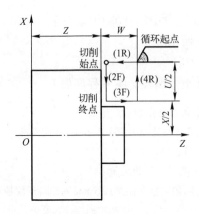

图 2-31　圆锥端面车削循环

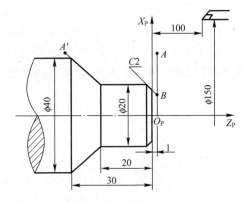

图 2-32　端面粗加工循环应用

| 程序 | 说明 |
|---|---|
| N010 G50 X150 Z100; | 设定坐标系,点位移动至换刀点位置 |
| N015 T0101 M03 S800 M07; | 换 1 号刀,主轴正转,转速为 800 r/min,打开切削液 |
| N020 G00 X41 Z1; | 点位移动至(X41,Z0)点位置 |
| N030 G72 W1 R0.5; | 端面车削循环,每次进刀量 1,退刀量 1 |
| N040 G72 P50 Q80 U0.1 W0.2 F100; | 端面粗车削循环,X 方向预留精车余量 0.1 mm,Z 方向预留精车余量 0.2 mm |
| N050 G00 X41 Z-31; | 精加工,快速定位至(X41,Z-31)的位置 |
| N060 G01 X20 Z-20; | 直线插补至(X20,Z-20)的位置 |
| N070 Z-2; | 直线插补至(X20,Z-2)的位置 |
| N080 X14 Z1; | 车倒角 |
| N090 G70 P50 Q80 F30; | 精加工固定循环 |
| N100 G00 X100 Z100; | 退刀至(X100,Z100)的位置 |
| N110 M05 M09; | 主轴停转,关闭切削液 |
| N120 M30; | 程序结束 |

（3）仿形粗车复合循环指令 G73

格式：G73 U(Δi) W(Δk) R(d)；

G73 P(ns) Q(nf) U(Δu) W(Δw) F __ S __ T；

说明：

① G73 指令与 G71、G72 指令功能相同，只是刀具路径是按工件的精加工轮廓进行循环的，如图 2-33 所示。如铸件、锻件等毛坯已具备了简单的零件轮廓，这时粗加工使用 G73 指令可以节省时间，提高效率。

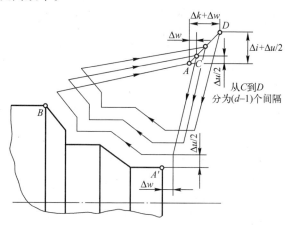

图 2-33　仿型粗车复合循环

② ns、nf、Δu 、Δw 的含义与 G71 指令相同；Δi 为 X 轴方向上的退出距离和方向；Δk 为 Z 轴方向上的退出距离和方向；Δd 为粗车次数。

【例 2-10】如图 2-34 所示，运用固定形状切削复合循环指令编程。参考程序如下：

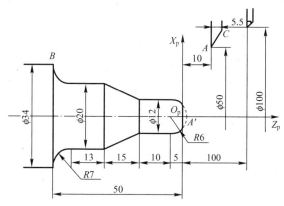

图 2-34　固定形状切削复合循环应用

| N010 G50 X100 Z100； | 设定坐标系,点位移动至换刀点位置 |
|---|---|
| N015 T0101 M03 S800 M07； | 换 1 号刀,主轴正转,转速为 800 r/min,打开切削液 |
| N020 G00 X50 Z10； | 点位移动至(X50,Z10)点位置 |
| N030 G73 U18 W5 R10； | 复合固定循环,X 向切削余量 18 mm,Z 向切削余量 5 mm,切削次数 10 |
| N040 G73 P50 Q100 U0.5 W0.5 F100； | 复合固定循环,X 方向精车余量 0.5 mm,Z 方向精车余量 0.1 mm |

| N050 G01 X0 Z1; | 直线插补至（X0,Z1）的位置 |
| N060 G03 X12 W－6 R6; | 切削 R6 圆弧 |
| N070 G01 W－10; | 直线插补至（X12,Z－15）的位置 |
| N080 X20 W－15; | 直线插补至（X20,Z－30）的位置 |
| N090 W－13; | 直线插补至（X20,Z－43）的位置 |
| N100 G02 X34 W－7 R7; | 切削 R7 圆弧 |
| N110 G70 P50 Q100 F30; | 精加工固定循环 |
| N120 G00 X100 Z100; | 退刀至（X100,Z100）的位置 |
| N130 M05 M09; | 主轴停转,关闭切削液 |
| N140 M30; | 程序结束 |

（4）华中数控系统固定循环指令格式

1）内（外）径粗车复合循环指令 G71

格式：G71　U($\Delta d$)　R(r)　P(ns)　Q(nf)　X($\Delta x$)　Z($\Delta z$)　F(f)　S(s)　T(t);

其中，$\Delta d$ 表示切削深度（每次切削量）；r 表示每次退刀量；ns 表示精加工路径第一程序段的顺序号；nf 表示精加工路径最后程序段的顺序号；$\Delta x$ 表示 X 方向上的精加工余量；$\Delta z$ 表示 Z 方向上的精加工余量；f、s、t 表示粗加工时 G71 指令中的 F、S、T 功能有效，而精加工时处于顺序号为 ns 到 nf 程序段之间的 F、S、T 功能有效。

注意：顺序号为 ns 的程序段必须为 G00 或 G01 指令；在顺序号为 ns 到 nf 的程序段中，不应包含子程序。

2）有凹槽的内（外）径粗车复合循环指令 G71。

格式：G71　U($\Delta d$)　R(r)　P(ns)　Q(nf)　E(e)　F(f)　S(s)　T(t);

其中，$\Delta d$ 表示切削深度（每次切削量）；r 表示每次退刀量；ns 表示精加工路径第一程序段的顺序号；nf 表示精加工路径最后程序段的顺序号；e 表示精加工余量，其为 X 方向的等高距离；外径切削时为正，内径切削时为负；f、s、t 表示粗加工时 G71 指令中的 F、S、T 功能有效，而精加工时处于顺序号为 ns 到 nf 程序段之间的 F、S、T 功能有效。

注意：顺序号为 ns 的程序段必须为 G00 或 G01 指令；在顺序号为 ns 到 nf 的程序段中，不应包含子程序。

3）端面粗车复合循环指令 G72。

格式：G72　W($\Delta d$)　R(r)　P(ns)　Q(nf)　X($\Delta x$)　Z($\Delta z$)　F(f)　S(s)　T(t);

其中，$\Delta d$ 表示切削深度（每次切削量）；r 表示每次退刀量；ns 表示精加工路径第一程序段的顺序号；nf 表示精加工路径最后程序段的顺序号；$\Delta x$ 表示 X 方向上的精加工余量；$\Delta z$ 表示 Z 方向上的精加工余量；f、s、t 表示粗加工时 G72 指令中的 F、S、T 功能有效，而精加工时处于顺序号为 ns 到 nf 程序段之间的 F、S、T 能有效。

注意：顺序号为 ns 的程序段必须为 G00、G01 指令，且该程序段中不应有 X 方向上的移动指令；在顺序号为 ns 到 nf 的程序段中，不应包含子程序。

4）闭环车削复合循环指令 G73。

格式：G73　U($\Delta I$)　W($\Delta k$)　R(r)　P(ns)　Q(nf)　X($\Delta x$)　Z($\Delta z$)　F(f)　S(s)　T(t);

其中，$\Delta I$ 表示 X 轴方向上的粗加工总余量；$\Delta k$ 表示 Z 轴方向上的粗加工总余量；r 表示粗切削次数；ns 表示精加工路径第一程序段的顺序号；nf 表示精加工路径最后程序段的顺序号；Δx 表示 X 方向上的精加工余量；Δz 表示 Z 方向上的精加工余量；f、s、t 表示粗加工时 G73 指令中的 F、S、T 功能有效，而精加工时顺序号处于 ns 到 nf 程序段之间的 F、S、T 功能有效。

注意：ΔI 和 Δk 表示粗加工时的总切削量，粗加工次数为 r，则每次 X、Z 方向的切削量为 ΔI/r，Δk/r；注意 Δx 和 Δz、ΔI 和 Δk 的正负号。该指令能对铸造、锻造等粗加工已初步形成的工件进行高效率切削。

**3. 任务实施**

（1）准备工作　步骤为开机→回参考点→启动主轴→试切对刀。

编程原点确定在该轴右端面的中心处，所用操作系统为 FAUNC0i，工件材料为 45 钢，尺寸为 $\phi50\ mm \times 120\ mm$。

切削参数选用如下：主轴转速为 $S = 1000\ r/min$，进给速度为 $f = 0.1\ mm/r$，固定循环点为 $(52,2)$。

1 号刀为 75°外圆车刀，用于粗车和精车外形。

（2）图 2-28 所示零件的程序清单

| | |
|---|---|
| O0010； | |
| N000 G00 X55 Z100； | 点位移动至换刀点位置 |
| N005 T0101； | 换取 1 号刀 |
| N010 M03 S1000 M07； | 主轴正转，转速为 1000 r/min，打开切削液 |
| N020 G00 X52 Z2； | 固定循环起点 |
| N030 G71 U2 R1； | 外圆精切固定循环，每次进刀量 2 mm，径向退刀量 1 mm |
| N040 G71 P050 Q150 U0.2 W0.2 F0.2； | 外圆精切固定循环，X 方向预留精车余量 0.2 mm，Z 方向预留精车余量 0.2 mm |
| N050 G00 X6； | 刀具快速移动至精加工循环起点 |
| N060 G01 Z0 F0.1； | 刀尖移至倒角延长线上 |
| N070 X10 Z-2； | 车倒角 |
| N080 Z-20； | 切 $\phi10$ mm 外圆 |
| N090 G02 X20 Z-25 R5； | 倒 R5 圆角 |
| N100 G01 Z-35； | 切 $\phi20$ mm 外圆 |
| N110 G03 X34 Z-42 R7； | 倒 R7 圆角 |
| N120 G01 Z-52； | 切 $\phi34$ mm 外圆 |
| N130 X44 Z-62； | 切圆锥 |
| N140 Z-82； | 切 $\phi44$ mm 外圆 |
| N150 X50； | X 向退刀 |
| N160 G70 P070 Q150； | 精加工固定循环 |
| N170 G00 X100 Z100； | 退刀至（X100，Z100）的位置 |
| N180 T0100； | 取消 1 号刀刀补 |
| N190 M05 M09； | 主轴停转，关闭切削液 |
| N200 M30； | 程序结束 |

## 任务 2.5　槽与切断零件加工程序编制

**1. 任务分析**

完成如图 2-35 所示的零件，材料为 45 钢，毛坯尺寸为 $\phi40\,\text{mm} \times 100\,\text{mm}$。

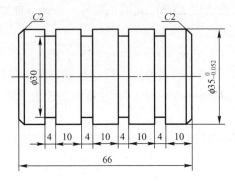

图 2-35　多槽轴

**2. 相关知识**

（1）槽加工方法

1）窄槽加工方法。当轴上槽的宽度尺寸不大，可用刀头宽度等于槽宽的切槽刀，一次进给切出，编程时还可用 G04 指令在刀具切至槽底时停留一定时间，以达到光整加工槽底的目的。

2）宽槽加工方法。当槽的宽度尺寸较大（大于切槽刀刀头宽度），应采用多次进给法加工，并在槽底及槽壁两侧留有一定的精车余量，然后根据槽底、槽宽的尺寸进行精加工。

3）尺寸较大槽的加工方法。对于深度、宽度较大槽的加工，FANUC 系统有专门的槽加工循环。调用槽加工循环指令，给循环参数赋值即可加工出符合要求的槽。

切槽过程中退刀路线应合理，避免撞刀；切槽后应先沿径向（X 方向）退出刀具，再沿轴向（Z 方向）退刀。

（2）程序延时（暂停）指令 G04

G04 指令用于暂停进给。

格式：G04 P ___；或 G04 X(U)___；

说明：

1）G04 指令按给定时间延时，不做任何动作，延时结束后再自动执行下一段程序。该指令主要用于车削环槽、不通孔自动加工螺纹时可使刀具在短时间、无进给方式下进行光整加工。

2）X、U 的单位为 s，P 的单位为 ms。程序延时时间范围为 16 ms ~ 9999.999 s。

例如，程序暂停 2.5 s 的加工程序如下：

G04 X2.5；或 G04 U2.5；或 G04 P2500；

（3）英制和米制输入指令 G20、G21

格式：G20（G21）

说明：

1）G20 表示英制输入，G21 表示米制输入。G20 和 G21 是两个可以相互取代的代码，但不能在一个程序中同时使用。

2）机床通电后的状态为 G21 指令下的状态。

（4）进给速度控制指令 G98、G99

格式：G98（G99）

说明：

1）G98 指令的单位为 mm/min，G99 指令的单位为（mm/r）。G98 通常是数控铣床、加工中心类的进给指令，G99 通常是数控车床类的进给指令。G99 指令下的状态为该数控车床通电后的状态。

2）在机床操作面板上有进给速度倍率开关，进给速度可在 0～150% 范围内以每级 10% 的速度倍率进行调整。在零件试切削时，进给速度的修调可使操作者选取最佳的进给速度。

（5）子程序的调用及结束　在编制加工程序过程中，有时会遇到零件图上有相同要素的情况，把这些相同要素编写成一个固定程序，并加以单独命名，这单独命名的固定程序就称为子程序；相对应的调用此子程序的程序就称为主程序。在主程序中用 M98 指令来调用子程序，子程序在编写时必须以 M99 结束。当然，子程序还可以调用其下一级子程序。子程序的相关知识详见任务 3.4。

1）子程序的调用

格式：M98 P＊＊××××；

说明：M98 为调用子程序的指令。P 后面的"＊＊"表示调用子程序的次数，后面的"××××"四位数字表示调用子程序的程序号；如主程序中出现"M98　P044123；"程序段时，表示此时要调用程序名为 4123 的子程序，调用次数为 4 次。

在华中数控系统中，例如 M98 P0002 L07；程序，其中 07 是调用次数，0002 是调用的子程序名称。

2）子程序结束

格式：M99；

含义：表示子程序结束并返回主程序。

【例 2-11】如图 2-36 所示，锥面分三刀粗加工的程序如下：

| O1000；                   | 主程序                              |
| N010 G50 X280 Z250.8；    | 设定坐标系,移动至换刀点位置           |
| N020 M03 S700 T0101；     | 换取 1 号刀,主轴正转,转速为 700 r/min |
| N030 G00 X85 Z5 M08；     | 点位移动至(X85,Z5)的位置,打开切削液    |
| N040 M98 P031001；        | 调用子程序                          |
| N050 G28 U2 W2；          | 返回参考点                          |
| N060 M05 M09；            | 主轴停转,关闭冷却液                   |
| N070 M30；                | 程序结束                            |
| O1001；                   | 子程序                              |
| N010 G00 U－35；          | X 增量快速点位移动 －35 mm            |
| N020 G01 U10 W－85 F0.15；| 车削锥面                            |
| N030 G00 U25；            | X 向退刀                            |
| N040 G00 Z5；             | Z 向退刀                            |
| N050 G00 U－5；           | X 向进刀                            |

N060 M99；　　　　　　　　　　　　　返回主程序

【例2-12】 如图2-37所示，已知毛坯直径为$\phi32\,mm$，长度为$L=80\,mm$，材料为45钢，01号刀(T0101)为外圆车刀，02号刀（T0202）为刀尖宽2 mm的切断刀。工件坐标系原点设定在零件右端的中心处，此点与01号刀刀位点（基准刀）的位置是$X=280\,mm$（直径量）、$Z=265\,mm$。程序如下：

O2000；　　　　　　　　　　　　　主程序
N010 G50 X280 Z265；　　　　　　设定坐标系,移动至换刀点位置
N020 M03 S800 T0101；　　　　　换取1号刀,主轴正转,转速为800 r/min
N030 G00 X35 Z0 M08；　　　　　快速点位至(X35、Z0)的位置
N040 G01 X0 F0.08；　　　　　　车端面
N050 G00 X30 Z2；　　　　　　　快速退刀
N060 G01 Z-53 F0.1；　　　　　车外圆
N070 G28 U2 W2；　　　　　　　回参考点
N080 M03 S400 T0202；　　　　　换取2号刀,主轴正转,转速为400 r/min
N090 G00 X32 Z-12；　　　　　　快速点位至(X32,Z-12)的位置
N100 M98 P022001；　　　　　　调用子程序
N110 G00 Z-32；　　　　　　　　快速点位至(X32,Z-32)的位置
N120 M98 P022001；　　　　　　调用子程序
N130 G00 Z-52；　　　　　　　　快速点位至(X32,Z-52)的位置
N140 G01 X0 F0.1；　　　　　　　切断
N150 G00 X40 T0200 M09；　　　快速点位至X=40 mm的位置,取消刀补
N160 G28 U2 W2；　　　　　　　回参考点
N170 M30；　　　　　　　　　　　程序结束
O2001；　　　　　　　　　　　　　子程序
N020 G00 X32；　　　　　　　　　退刀
N030 G01 X20 F0.1；　　　　　　切槽
N040 G00 X32；　　　　　　　　　退刀
N050 G00 W-8；　　　　　　　　　Z向移动-8 mm
N060 M99；　　　　　　　　　　　返回主程序

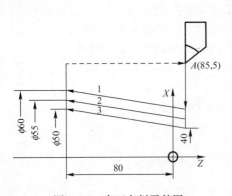

图2-36　多刀车削零件图

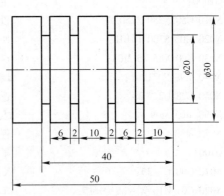

图2-37　形状相同部位零件的加工

### 3. 任务实施

（1）工艺分析

1）零件分析。该零件为多槽轴，材料为 45 钢，加工内容全部由直线轮廓组成，用两把外圆车刀和一把切断刀可完成加工任务。分粗车、精车及切槽与切断三个工步，粗车外圆去除大部分加工余量，直径留下 0.5 mm 精车余量；精车时要求沿零件的外形轮廓连续走刀，一次加工成形，接着切槽，最后切断。

2）工艺路线。循环粗车外圆→循环精车轮廓至尺寸要求→加工槽并切断。

3）刀具选择。外圆粗车时选用 90°硬质合金车刀，置于 T01 号刀位；外圆精车时选用 93°硬质合金车刀，置于 T02 号刀位，刀尖半径为 0.2 mm，刀尖方位为 $T=3$；切断时选用刀头宽度为 4 mm 的切断刀并置于 T03 号刀位。

4）切削参数（表 2-5）。

表 2-5　加工切削参数

| 序　号 | 加工面 | 刀具号 | 刀具类型 | 主轴转速 $n$ /（r/min） | 进给量 $f$ /（mm/r） | 切削深度 $a_p$/mm |
|---|---|---|---|---|---|---|
| 1 | 粗车外圆 | T01 | 90°硬质合金车刀 | 600 | 0.2 | 1.5 |
| 2 | 精车外圆 | T02 | 93°硬质合金车刀 | 1000 | 0.1 | 0.25 |
| 3 | 切槽与切断 | T03 | 刀头宽度为 4 mm 的切断刀 | 500 | 0.05 | 2.5 |

5）加工工序（表 2-6）。

表 2-6　多槽轴加工工序卡

| 零件名称 | 多　槽　轴 | 数　量 | 1 | 工作场地 | | 日　期 | |
|---|---|---|---|---|---|---|---|
| 零件材料 | 45 钢 | 尺寸单位 | mm | 设备及系统 | | | |
| 毛坯规格 | $\phi40$ mm $\times 100$ mm | | | | 备注 | | |
| 工序 | 名称 | | | 工　艺　要　求 | | | |
| 1 | 锯床下料 | | | $\phi40$ mm $\times 100$ mm 棒料 | | | |
| 2 | 数控车削 | 工步 | 工步内容 | 刀具号 | 刀具类型 | 主轴转速 $n$/（r/min） | 进给量 $f$/（mm/r） | 切削深度 $a_p$/mm |
| | | 1 | 粗车外圆 | T01 | 90°硬质合金车刀 | 600 | 0.2 | 1.5 |
| | | 2 | 精车外圆至尺寸要求 | T02 | 93°硬质合金车刀 | 1000 | 0.1 | 0.25 |
| | | 3 | 切槽与切断 | T03 | 刀头宽度为 4 mm 的切断刀 | 500 | 0.05 | 2.5 |
| 编制 | | 审核 | | 批准 | | 共 1 页 | 第 1 页 |

6）数值计算。零件生产时，精加工零件轮廓尺寸有偏差存在时，编程尺寸应取极限尺寸的平均值

$$编程尺寸 = 基本尺寸 + （上偏差 + 下偏差）/2$$

如图 2-35 所示，$\phi35$ mm 外圆的编程尺寸 $= 35 + [0 + (-0.052)]/2 = 34.974$（mm）

（2）程序编制　该零件是多槽轴，从零件分析可以知道这些槽在零件上是均匀分布的，为简化编程，特采用子程序的形式来编写本零件的加工程序。主程序见表 2-7。

表 2-7　主程序 O0041

| 程　序　段 | 内　　　容 | 程　序　段 | 内　　　容 |
|---|---|---|---|
| N10 | G21 G97 G99； | N210 | G70 P80 Q140； |
| N20 | M03 S600； | N220 | M09； |
| N30 | T0101； | N230 | G00 X100　Z100； |
| N40 | M07； | N240 | T0303； |
| N50 | G00 X41 Z2； | N250 | M03 S500； |
| N60 | G71 U2.5 R0.5； | N260 | M07； |
| N70 | G71 P80 Q140 U0.5 WO F0.2； | N270 | G00 X37 Z0； |
| N80 | G42 G00 X0 D01； | N280 | M98 P040411； |
| N90 | G01Z0 F0.1； | N290 | G00 X42 Z－70； |
| N100 | X30.974； | N300 | G01 X30.974 F0.05； |
| N110 | X34.974 Z－2； | N310 | G01 X37 F0.2； |
| N120 | Z－70； | N320 | G00 Z－68； |
| N130 | X41； | 330 | G01 X34.974 F0.05； |
| N140 | G40 G00 X42； | N340 | X30.974 Z－70； |
| N150 | M09； | N350 | X－1； |
| N160 | G00 X100　Z100； | N360 | G00 X100　Zl00； |
| N170 | T0202； | N370 | M05； |
| N180 | M03 S1000； | N380 | M09； |
| N190 | M08； | N390 | M30； |
| N200 | G00 X41Z2； | | |

多槽轴的子程序

O0411

| N10 | G00 W－14； | Z 增量快速点位移动 －14 mm |
|---|---|---|
| N20 | G01 U－7 F0.05； | 切槽 |
| N30 | G04 X3 | 程序暂停 3 s |
| N40 | G01 U7　F0.2； | X 向退刀 |
| N50 | M99； | 返回主程序 |

## 任务 2.6　阶梯孔零件加工程序编制

**1. 任务分析**

车削如图 2-38 所示的内孔，工件毛坯内径为 $\phi 8\,\mathrm{mm}$，材料为 45 钢。

**2. 相关知识**

外圆（内孔）精车循环指令 G70，其格式及说明如下：

格式：G70　P(ns)　Q(nf)；

说明：G70 指令为执行 G71、G72 及 G73 粗加工循环指令以后的精加工循环指令。在

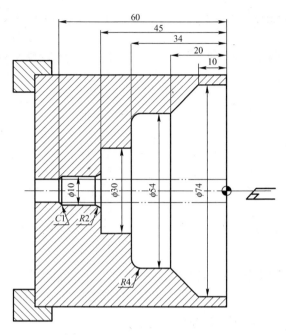

图 2-38　阶梯孔

G70 指令程序段内要给出精加工第一个程序段的序号和精加工最后一个程序段的序号。

【例 2-13】如图 2-39 所示的工件，试用 G70、G71 指令编程。

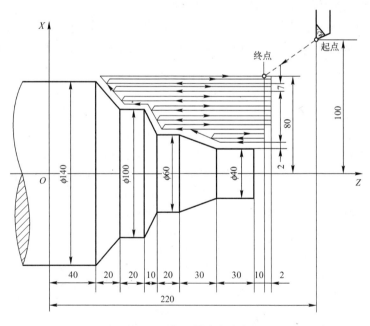

图 2-39　粗、精车削实例

参考程序：

| O1000； | 程序名 |
|---|---|
| N010 G50 X200 Z220； | 坐标系设定 |
| N020 M04 S800 T0300； | 主轴旋转 |

| N030 G00 X160 Z180 M08; | 快速到达点(160,180) |
| N035 G71 U7 R2; | |
| N040 G71 P050 Q110 U4 W2 F0.2 S500; | 粗车循环,程序段 N050~N110 |
| N050 G00 X40 S800; | 快速定位 |
| N060 G01 W-40 F0.1; | 车外圆 |
| N070 X60 W-30; | 车圆锥 |
| N080 W-20; | 车外圆 |
| N090 X100 W-10; | 车圆锥 |
| N100 W-20; | 车外圆 |
| N110 X140 W-20; | 车圆锥 |
| N120 G70 P050 Q110; | 精车循环 |
| N130 G00 X200 Z220 M09; | 退刀至(X200,Z220)点的位置 |
| N140 M30; | 程序结束 |

注意:包含在粗车循环指令 G71 程序段中的 F、S、T 功能有效,包含在 ns 到 nf 程序段中的 F、S、T 功能对于粗车无效。因此本例中粗车时的进给量为 0.2 mm/r,主轴转速为 500 r/min;精车时进给量为 0.1 mm/r,主轴转速为 800 r/min。

**3. 任务实施**

(1) 准备工作 流程为开机→回参考点→启动主轴→试切对刀。

编程原点确定在该轴右端面的中心处,所用操作系统为 FANUC - 0i。工件材料为铝合金,尺寸为 $\phi 80$ mm×100 mm,已钻直径为 $\phi 8$ mm 的孔。

切削参数选用如下:主轴转速 $S = 800$ r/min,进给量 $f = 0.2$ mm/r,固定循环点(6,3)。轴向切削深度为 2.2 mm,退刀量为 1 mm;X 方向和 Z 方向的加工余量分别为 0.2 mm 和 0.5 mm。

刀具:内孔车刀,粗车和精车内孔。

(2) 程序清单

| O0050; | |
| N05 T0101; | 换取 1 号内孔车刀 |
| N10 M03 S800; | 主轴正转,转速为 800 r/min |
| N15 G00 X2.0 Z2.0; | 定义固定循环点位置 |
| N20 G72 U2.2R2.0; | 端面粗切循环 |
| N25 G72 P30 Q80 U-0.2 W0.5 F0.1; | 内端面粗切循环加工 |
| N30 G01 X74; | 定位内孔起点 |
| N35 Z0; | 车内圆 |
| N40 Z-10; | 车内圆面 |
| N45 X54.0 Z-20; | 车内圆锥面 |
| N50 Z-30; | 车内圆面 |
| N55 G03 X48 Z-34 R4.0; | 内孔凹为 G03 |
| N60 G01 X30; | 车内端面 |
| N65 Z-45; | 车内圆面 |
| N68 X14 | 车内端面 |
| N70 G02 X10 Z-47 R2; | 内孔凹为 G03 |
| N75 G01 Z-59; | 车内圆面 |

N80 X6 Z－61；                倒角 C1

N85 G70 P30 Q80；            精加工轮廓结束

N90 G00 X100.0 Z200.0；       返回对刀点

N95 M05；                    主轴停转

N100 M30；                   主程序结束并复位

## 任务 2.7　单行程螺纹切削程序编制

### 1. 任务分析

用 G32 指令完成如图 2-40 所示螺纹零件的加工程序编制，材料为钢材。

G32 是 FANUC 控制系统中最简单的螺纹加工代码，该指令在螺纹加工运动期间，控制系统自动使进给率的倍率无效，需要计算切入深度后，确定进给次数与背吃刀量等参数。

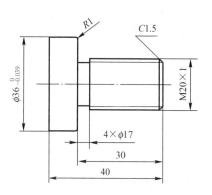

图 2-40　普通外螺纹零件

### 2. 相关知识

（1）螺纹大径、小径的计算　螺纹牙型高度是指在螺纹牙型上，牙顶到牙底之间垂直于螺纹轴线的距离，如图 2-41 所示，它是车削时车刀的总切入深度。

根据 GB/T 192—2003《普通螺纹　基本牙型》中规定，普通螺纹的牙型理论高度为 $H=0.866P$，实际加工时，由于螺纹车刀刀尖半径的影响，螺纹的实际切深有变化。根据 GB/T 197—2003《普通螺纹　公差》中规定，螺纹车刀可在牙底最小削平高度 $H/8$ 处削平或倒圆，则螺纹实际牙型高度可按下式计算

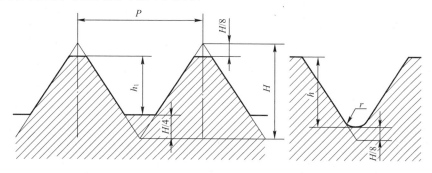

图 2-41　螺纹牙型高度

$$h = H - 2(H/8) = 0.6495P$$

式中　$H$——普通螺纹的牙型理论高度，$H=0.866P$，单位为 mm；

　　　$P$——螺距，单位为 mm。

所以螺纹大径 $d_1$ 和小径 $d_2$ 可用下式计算

$$d_1 = d - 0.2165P$$

$$d_2 = d - 1.299P$$

式中　$d$——螺纹公称直径，单位为 mm；

$d_1$——螺纹大径，单位为 mm；

$d_2$——螺纹小径，单位为 mm。

如果螺纹牙型较深、螺距较大，可分几次进给。每次进给的背吃刀量用螺纹深度减去精加工背吃刀量所得的差按递减规律分配，如图 2-42 所示。常用螺纹切削的进给次数与背吃刀量见表 2-8。在实际加工中，当用牙型高度控制螺纹直径时，一般通过试切来满足加工要求。

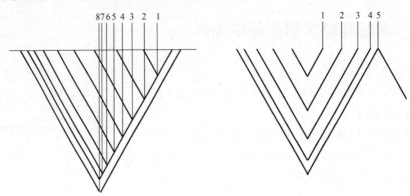

图 2-42　螺纹进刀切削方法

表 2-8　常用螺纹切削的进给次数与背吃刀量　　　　　　　（单位：mm）

| 螺　距 | | 1.0 | 1.5 | 2.0 | 2.5 | 3.0 | 3.5 | 4.0 |
|---|---|---|---|---|---|---|---|---|
| 牙　深 | | 0.649 | 0.974 | 1.299 | 1.624 | 1.949 | 2.275 | 2.598 |
| 进给次数及背吃刀量 | 1 次 | 0.7 | 0.8 | 0.9 | 1.0 | 1.2 | 1.5 | 1.5 |
| | 2 次 | 0.4 | 0.6 | 0.6 | 0.7 | 0.7 | 0.7 | 0.8 |
| | 3 次 | 0.2 | 0.4 | 0.6 | 0.6 | 0.6 | 0.6 | 0.6 |
| | 4 次 | | 0.16 | 0.4 | 0.4 | 0.4 | 0.6 | 0.6 |
| | 5 次 | | | 0.1 | 0.4 | 0.4 | 0.4 | 0.4 |
| | 6 次 | | | | 0.15 | 0.4 | 0.4 | 0.4 |
| | 7 次 | | | | | 0.2 | 0.2 | 0.4 |
| | 8 次 | | | | | | 0.15 | 0.3 |
| | 9 次 | | | | | | | 0.2 |

（2）车削螺纹时的主轴转速　数控车床在加工螺纹时，因其传动链的改变，原则上其转速只要能保证主轴每转一周时，刀具沿主进给轴（多为 Z 轴）方向位移一个导程即可，不应受到限制。但在实际加工螺纹时，会受到以下几方面的影响：

1）螺纹加工程序段中指令的螺距值，相当于进给量 $f$（mm/r）表示的进给速度，如果车床的主轴转速过高，其换算后的速度 $v_f$（mm/min）必定大大超过正常值。

2）刀具在其位移过程中，都将受到伺服驱动系统升降频率和数控装置插补运算速度的约束，由于升降频率特性满足不了加工需要等原因，则可能因主进给运动产生出的超前和滞后现象而导致部分螺纹牙型不符合要求。

3）车削螺纹必须通过主轴的同步运行功能而实现，即车削螺纹需要有主轴脉冲发生器（编码器）。当其主轴转速选择过高时，通过编码器发出的定位脉冲（即主轴每转一周时所发出的一个基本脉冲信号），将可能因过冲现象（特别是当脉冲编码器的质量不稳定时）而导致工件螺纹产生乱纹（俗称"乱牙"）。

鉴于上述原因，不同的数控系统在车削螺纹时推荐使用不同的主轴转速范围。大多数经济型数控车床推荐车削螺纹时的主轴转速 $n$ 为

$$n \leqslant (1200/P) - K$$

式中　$P$——螺纹的螺距，单位为 mm；

$K$——保险系数，一般取 80。

（3）螺纹车削指令 G32

格式：G32 X(U)__ Z(W)__ L__ P__ F__;

其中，X、Z 设定螺纹终点的绝对坐标位置；U、W：设定螺纹终点相对起点在 X 和 Z 方向上的增量值；L：设定内、外螺纹以及是否收尾，用两位数表示，共有四种数值：10——外螺纹不收尾、11——外螺纹收尾、00——内螺纹不收尾、01——内螺纹收尾；F：设定螺纹导程；P：设定螺纹切削起始点的主轴转角。

注意：

1）$\delta_1$、$\delta_2$ 为车削螺纹时的切入量与切出量，一般 $\delta_1 = 2 \sim 5$ mm，$\delta_2 = (1/4 \sim 1/2)\delta_1$。

如图 2-43 所示的直螺纹车削。可选用参数：螺纹螺距 $P = 2$ mm，切入量 $\delta_1 = 3$ mm，切出量 $\delta_2 = 2.5$ mm，分两次车削，背吃刀量 $a_p = 0.5$ mm。

如图 2-44 所示的圆锥螺纹车削，可选用参数：螺纹螺距 $P = 2.5$ mm，切入量 $\delta_1 = 2$ mm，切出量 $\delta_2 = 1$ mm，分两次车削，背吃刀量 $a_p = 0.5$ mm。

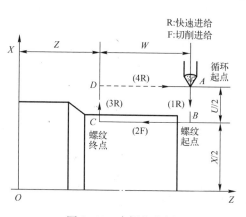

图 2-43　直螺纹车削

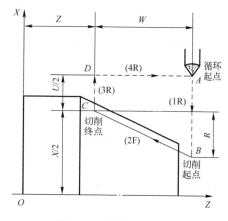

图 2-44　圆锥螺纹车削

2）背吃刀量及进给次数可参考表 2-7，否则难以保证螺纹精度，或会发生崩刃现象。

3）车削螺纹时，应在保证生产率和正常切削的情况下，选择较低的主轴转速。

一般按机床或数控系统说明书中规定的计算式进行确定，可参考公式

$$n_{螺} \leqslant n_{允}/P$$

式中　$n_{允}$——编码器允许的最高工作转速，单位为 r/min；

$P$——工件螺纹的螺距，单位为 mm。

4）在螺纹粗加工和精加工的全过程中，不能使用进给速度倍率开关来调节速度，进给速度保持开关也无效。

【例 2-14】如图 2-45 所示的锥螺纹切削，螺纹导程为 1 mm，$\delta = 3$ mm，每次背吃刀量（直径值）为 0.7 mm、0.4 mm、0.2 mm。

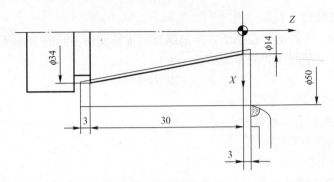

图 2-45 锥螺纹加工

螺纹切削程序：

| O1020； | 程序号 |
|---|---|
| N01 G92 X50 Z3； | 设定坐标系、参考点 |
| N02 G00 U – 38.7 M03； | 切削到螺纹小端,切深为 0.7 mm |
| N03 G32 U20 W – 36 L11 P30 F1； | 切削螺纹 |
| N04 G00 X50； | X 轴退刀至参考点 |
| N05　　 W36； | Z 轴退刀至参考点 |
| N06　　 U – 39.1； | 切削到螺纹小端,切深为 0.4 mm |
| N07 G32 U20 W – 36 L11 P30 F1； | 切削螺纹 |
| N08 G00 X50； | X 轴退刀至参考点 |
| N09　　 W36； | Z 轴退刀至参考点 |
| N10　　 U – 39.3； | 切深为 0.2 mm,切削到螺纹小端小径 10.7 mm |
| N11 G32 U20 W – 36 L11 P30 F1； | 切削螺纹 |
| N12 G00 X50； | X 轴退刀至参考点 |
| N13　　 Z3； | Z 轴退刀至参考点 |
| N14 M05； | 主轴停转 |
| N15 M30； | 程序结束 |

（4）华中数控系统螺纹切削指令 G32

格式：G32　X(U)__　Z(W)__　R__　E__　P__　F；

其中，X、Z 表示在绝对编程时，有效螺纹终点在工件坐标系中的坐标；U、W 表示在增量编程时，有效螺纹终点相对于螺纹切削起点的位移量；F 表示螺纹导程，即主轴每转一圈，刀具相对于工件的进给量；R、E 表示在螺纹切削的退尾量，R 表示 Z 向退尾量，E 为 X 向退尾量，R、E 在绝对或增量编程时都是以增量方式指定，为正表示沿 Z、X 正向回退，为负表示沿 Z、X 负向回退，使用 R、E 可免去加工退刀槽，在 R、E 省略时，表示不用回退功能，但此时必须有退刀槽，根据螺纹标准，R 一般取螺距的 2 倍，E 取螺纹的牙型高；P 表示主轴基准脉冲处距离螺纹切削起始点的主轴转角。

**3. 任务实施**

（1）车螺纹前圆柱面及螺纹实际小径的确定　车削塑性材料螺纹时，受车刀挤压作用，会使外径胀大，故在车削螺纹前圆柱面直径应比螺纹公称直径（大径）小 0.1 ~ 0.4 mm，一般取 $d_{计} = d - 0.1P$，螺纹实际牙型高度考虑刀尖圆弧半径等因素的影响，一般取 $h_{1实} = 0.65P$；螺纹实际小径为 $d_{1实} = d - 2h_{1实} = d - 1.3P$。

（2）选择工具、量具及刃具

1）工具选择。工件装夹在三爪自定心卡盘中，用划线盘校正。

2）量具选择。外径用外径千分尺测量、长度用游标卡尺测量，螺纹用螺纹环规测量。

3）刀具选择。车削外圆时选用90°偏刀，车削螺纹退刀槽时用切槽刀，车削螺纹时选用外螺纹车刀。

（3）工艺方案　该螺栓零件为短轴类零件，其轴心线为工艺基准，用三爪自定心卡盘夹持 $\phi$40 mm 外圆的左端，使工件伸出卡盘约 60 mm，一次装夹完成粗、精加工。按先主后次，先粗后精的加工原则确定加工路线，从右端至左端轴向进给切削。先进行外轮廓粗加工，再进行精加工，然后加工螺纹，最后进行切断。

（4）切削参数　车削用量的具体数值应根据机床性能、加工工艺、相关手册并结合实际经验确定：车床转速为 800 r/min，精加工余量为 0.5 mm，车螺纹和切断时转速为 400 r/min；粗加工时进给速度为 0.5 mm/r；精加工时进给速度为 0.3 mm/r，切断时进给速度为 0.1 mm/r。

（5）参考程序　根据零件图样的尺寸标注特点及基准统一的原则，选择零件右端面与轴心线的交点作为工件原点，建立工件坐标系。该零件的结构要素有圆柱面、倒角、螺纹，有一定的表面粗糙度要求，故分为粗加工和精加工两个阶段，参考程序 O0003 见表 2-9。

采用直径尺寸编程方式，直径尺寸编程与零件图样中的尺寸标注一致，编程较为方便。

表 2-9　参考程序 O0003

| 程 序 号 | 内　容 | 程 序 号 | 内　容 |
|---|---|---|---|
| N10 | T0101; | N210 | G00　X24　Z－26; |
| N20 | G00　X100　Z80; | N220 | G01　X17; |
| N30 | M03　S800　M07　X36.5　Z5; | N230 | G00　X100　Z80; |
| N40 | G01　Z－40　F0.5; | N240 | T04 G97; |
| N45 | G00　X40 | N245 | G00　X26 Z4 |
| N50 | G00　Z5　X30; | N250 | G00　X19.3　Z4　S380; |
| N60 | G01　Z－30; | N260 | G32　Z－27　F1; |
| N65 | G00　X40; | N265 | G01　X26; |
| N70 | G00　Z5　X24; | N270 | G00　X26　Z4; |
| N80 | G01　Z－30; | N280 | G01　X22; |
| N85 | G00　X40; | N285 | G01　X18.9; |
| N90 | G00　Z5　X20.4; | N290 | G32　Z－27　F1; |
| N100 | G01　Z－30; | N300 | G01　X22; |
| N105 | G00　X40; | N305 | G00　X22　Z4; |
| N110 | G00　Z5; | N310 | G01　X18.7; |
| N120 | G00　X100　Z80; | N320 | G32　Z－27 F1; |
| N130 | T02; | N330 | G01　X26; |
| N140 | G00　X36　Z5; | N340 | G00　X100 Z80; |
| N150 | G01　Z－40; | N350 | T03; |
| N155 | G00　X40; | N355 | G00　X40　Z－40　S400; |
| N160 | G01　Z5 X19.9; | N360 | G01　X0　F0.1; |
| N170 | G01　Z－30; | N370 | G01　X26; |
| N180 | G01　X40; | N380 | G00　X100　Z80; |
| N190 | G01　X100　Z80; | N390 | M05 M09; |
| N200 | T03; | N400 | M30; |

## 任务 2.8 螺纹切削循环程序编制

### 1. 任务分析

编制如图 2-46 所示的零件图加工程序，设毛坯是直径为 $\phi$40 mm 的棒料，材料为 45 钢。要求分析工艺过程与工艺路线，编写加工程序。

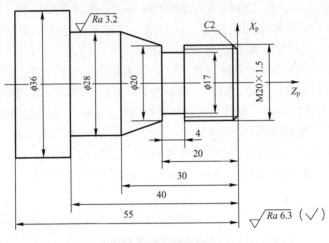

图 2-46 零件图

### 2. 相关知识

（1）螺纹车削循环指令 G92　圆柱螺纹车削循环的编程格式（图 2-47a）：G92 X(U)__ Z(W)__ F __ ;

圆锥螺纹车削循环的编程格式（图 2-47b）：G92　X(U)__ Z(W)__ R __ F __ ;

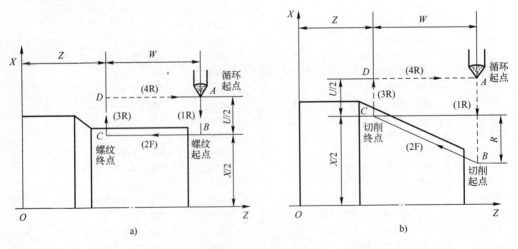

图 2-47 螺纹车削循环

说明：

① G92 指令可使螺纹加工用车削循环完成，其中 X(U)、Z(W) 为终点坐标，F 为螺纹的导程，R 为圆锥螺纹大小端半径的差值，即螺纹切削起点与切削终点的半径差值。

② 螺纹的导程范围及主轴速度的限制等与 G32 指令相同。

【例 2-15】 如图 2-48 所示，运用圆柱螺纹切削循环指令编程。

参考程序：

G50 X100 Z50；

G97 S300；

T0101 M03；

G00 X35 Z3；

G92 X29.2 Z－21 F1.5；

　　X28.6；

　　X28.2；

　　X28.04；

G00 X100 Z50 T0000 M05；

M30；

【例 2-16】 如图 2-49 所示，运用圆锥螺纹切削循环指令编程。

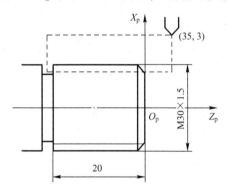

图 2-48　圆柱螺纹切削循环

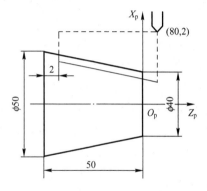

图 2-49　锥螺纹切削循环

参考程序：

G50 X100 Z50；

G97 S300；

T0101 M03；

G00 X80 Z2；

G92 X49.6 Z－48 R－5 F2；

　　X48.7；

　　X48.1；

　　X47.5；

　　X47.1；

　　X47；

G00 X100 Z50 T0000 M05；

M30；

（2）螺纹切削复合循环指令 G76

格式：G76　P$\underline{m}$　$\underline{r}$　$\underline{a}$　Q$\underline{\Delta d_{min}}$　R$\underline{d}$；

$$G76 \quad \underline{X(U)} \quad \underline{Z(W)} \quad R\underline{i} \quad P\underline{k} \quad Q\underline{\Delta d} \quad F\underline{f};$$

该螺纹切削循环的工艺性比较合理，编程效率较高，螺纹切削复合循环路线及进刀方法如图 2-50 所示。

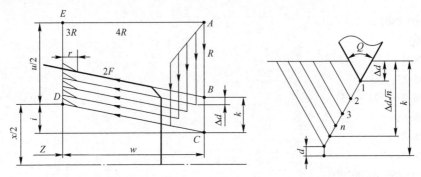

图 2-50　螺纹切削复合循环路线及进刀方法

其中，m 表示精加工重复次数，a 表示螺纹牙型角，即刀具刀尖角度，可在 80°、60°、55°、30°、29° 及 0° 六种角度中选择，m、r、a 用同一个指令地址 P 一次输入且必须输入两位数字，即使值为 0 也不能省略。如 P020530 表示精车 2 次，螺纹退刀长度为 0.5 倍的螺纹螺距，刀具角度为 30°。X(U)、Z(W) 表示螺纹终点坐标值，X 是螺纹小径，Z 是螺纹长度。I 表示螺纹起点 B 与螺纹终点 C 的半径差，即螺纹切削起点与切削终点的半径差，加工圆柱螺纹时，I=0；加工圆锥螺纹时，当 X 向切削起点坐标小于切削终点坐标时，I 为负，反之为正。k 表示螺纹牙型高度，为 X 轴方向的半径值。d 表示精加工余量，为 X 轴方向的半径值。$\Delta d$ 表示为第一次切削深度，为 X 轴方向的半径值。$\Delta d_{min}$ 表示最小切削深度，当自动计算的第 n 次的切削深度 $\Delta d(\sqrt{n} - \sqrt{n-1}) < \Delta d_{min}$ 时，以 $\Delta d_{min}$ 为准，该值为半径值，且不可用小数点方式表示。f 表示螺纹导程。

【例 2-17】如图 2-51 所示，运用螺纹切削复合循环指令编程，精加工次数为 1 次，斜向退刀量为 4 mm，刀尖为 60°，最小切深为 0.1 mm，精加工余量为 0.1 mm，螺纹高度为 2.4 mm，第一次切深为 0.7 mm，螺距为 4 mm，螺纹小径为 33.8 mm。

参考程序：

```
G00 X60 Z10;
G76 P011060 Q0.1 R0.1;
G76 X33.8 Z-60 R0 P2.4 Q0.7 F4;
G90 X100 Z110;
M05;
M30;
```

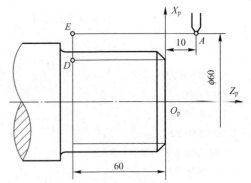

图 2-51　螺纹切削复合循环应用

(3) 华中数控系统螺纹车削复合循环 G82

格式：G82 X __ Z __ I __ R __ E __ C __ P __ F __;

其中，X、Z 表示在绝对编程时，为有效螺纹终点 C 在工件坐标系中的坐标；在增量编程时，为有效螺纹终点相对于循环起点 A 的有向距离。

I 表示螺纹起点 B 与螺纹终点 C 的半径差。

F 表示螺纹导程，即主轴每转一圈，刀具相对于工件的进给量。

R、E 表示螺纹切削的退刀量，R 为 Z 向退刀量，E 为 X 向退刀量，R、E 在绝对或增量编程时都是以增量方式指定，为正表示沿 Z、X 正向回退，为负表示沿 Z、X 负向回退。使用 R、E 可免去加工退刀槽。R、E 可以省略，表示不用回退功能，但此时必须有退刀槽。根据螺纹标准，R 一般取螺距的 2 倍，E 取螺纹的牙型高。C 表示螺纹头数，为 0 或 1 时表示切削单头螺纹。P 表示切削单头螺纹时，为主轴基准脉冲处距离螺纹切削起点的主轴转角（确省为 0）；多头螺纹切削时，为相邻螺纹头部切削起点之间对应的主轴转角。F 表示螺纹导程；

（4）华中数控系统螺纹车削复合循环指令 G76

格式：G76 C(c) R(r) E(e) A(a) X(x) Z(z) I(i) K(k) U(d) V($\Delta d_{min}$) Q($\Delta d$) P(p) F(L)；

其中，c 表示精整次数（1~99），为模态值；r 表示螺纹 Z 向退刀长度（00~99），为模态值。e 表示螺纹 X 向退刀长度（00~99），为模态值。a 表示刀尖角度（二位数字），为模态值，在 80°、60°、55°、30°、29°和 0°六个角度中选一个。x、z 表示在绝对编程时，为有效螺纹终点 C 的坐标；在增量编程时，为有效螺纹终点 C 相对于循环起点 A 的有向距离。i 表示螺纹两端的半径差，如 i = 0，为圆柱螺纹的切削方式。k 表示螺纹高度，该值由 X 轴方向上的半径值指定。$\Delta d_{min}$ 表示最小切削深度（半径值）。d 表示精加工余量（半径值）。$\Delta d$ 表示第一次切削深度（半径值）。P 表示主轴基准脉冲处距离切削起始点的主轴转角。L 表示螺纹导程。

**3. 任务实施**

（1）工艺分析

1）先车削右端面，并以此端面的中心为原点建立工件坐标系。

2）该零件的加工面有外圆、螺纹和槽，可采用 G71 指令进行粗车加工，然后用 G70 指令进行精车加工，接着切槽、车削螺纹，最后切断。

（2）确定工艺方案

1）从右至左粗车加工各面。

2）从右至左精车加工各面。

3）车削退刀槽。

4）车削螺纹。

5）切断。

（3）选择刀具及切削用量

1）选择刀具。外圆车刀 T0101，用于粗加工；外圆车刀 T0202，用于精加工；切断刀 T0303，宽为 4mm，用于车削加工槽及切断；螺纹刀 T0404，用于车螺纹。

2）确定切削用量。粗车外圆时 $s = 500$ r/min，$f = 0.15$ mm/r；精车外圆时 $s = 1000$ r/min，$f = 0.08$ mm/r；车退刀槽时 $s = 500$ r/min，$f = 0.05$ mm/r；车螺纹时 $s = 600$ r/min；切断时 $s = 300$ r/min、$f = 0.05$ mm/r。

（4）编制程序

| 程序 | 说明 |
|---|---|
| O5554； | 程序名 |
| T0101； | |
| S500　M03； | |
| G00　X45　Z2； | |
| G71　U2　R1； | 外圆粗车循环 |
| G71　P10　Q90　U0.2　W0　F0.15； | 精车路线为 N10～N90 指定 |
| N10　G00　G42　X14　Z1； | |
| N20　G01　X19.9　W－2　F0.08； | |
| N30　Z－20； | |
| N40　X20； | |
| N50　X28　Z－30； | |
| N60　W－10； | |
| N70　X36； | |
| N80　W－20； | |
| N90　G00　G40； | |
| G00　X150； | |
| Z150； | |
| S1000　M03　T0202； | |
| G00　X45　Z2； | |
| G70　P10　Q90； | 精车加工 |
| G00　X150； | |
| Z150； | |
| S500　M03　T0303； | |
| G00　X24　Z－20； | |
| G01　X17　F0.05； | 车削退刀槽 |
| G00　X150； | |
| Z150； | |
| S600　M03　T0404； | |
| G00　X20　Z2； | |
| G92　X19.2　Z－18　F1.5； | 第一次车削螺纹 |
| X18.6； | 第二次车削螺纹 |
| X18.2； | 第三次车削螺纹 |
| X18.04； | 第四次车削螺纹 |
| G00　X150； | |
| S500　M03　T0303； | |
| G00　X40　Z－59； | |
| G01　X－1　F0.05； | 切断 |
| G00　X150； | |
| Z150； | |
| M05； | |

M30；                                程序结束

## 任务 2.9  椭圆轴加工程序编制

**1. 任务分析**

加工如图 2-52 所示的椭圆轴，材料为 45 钢，毛坯尺寸为 $\phi$50 mm × 100 mm。

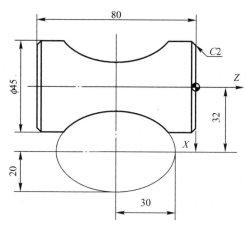

图 2-52  椭圆轴加工

**2. 相关知识**

随着数控技术的发展，现代数控系统为人们提供了越来越丰富的自由简化编程的功能。充分理解、灵活运用这些功能，可以大大简化程序编制的工作量，降低出错概率，提高编程效率，减少程序的占用空间，同时由于缩短了准备工作时间，也提高了数控机床的利用率和产品生产率。华中数控系统和 FANUC 数控系统为用户配备了强有力的类似于高级语言的宏程序功能，用户可以使用变量进行算术运算、逻辑运算和函数的混合运算，此外宏程序功能还提供了循环语句、分支语句和子程序调用语句，利于编制各种复杂的零件加工程序，减少或免除手工编程时进行的烦琐的数值计算，以精简程序量。

（1）宏变量及常量

1）宏变量。一个宏变量由符号#和变量号组成，利用赋值语句可以把一个数值或表达式的结果送给宏变量。宏变量可以分为局部变量、全局变量和系统变量三类，局部变量的作用范围只局限于某一个特定的宏程序，全局变量的作用范围贯穿整个程序过程，系统变量是指机床内部的变量。变量却有一定的范围，如华中数控系统：#0 ~ #49 为局部变量，#50 ~ #199 为全局变量；FANUC 数控系统：#1 ~ #33 为局部变量，#100 ~ #199 为全局变量。

2）常量。数控系统可以使用的宏常量有圆周率 PI，条件成立（真）TRUE，条件不成立（假）FALSE。

3）宏程序角度单位。华中数控系统以弧度指定角度单位，FANUC 数控系统以度指定角度单位。

（2）运算符与表达式

1）算术与逻辑运算（表 2-10）。

表 2-10　算术与逻辑运算

| 功　　能 | | 格　　式 |
|---|---|---|
| 算术运算 | + （加法） | #i = #j + #k |
| | - （减法） | #i = #j - #k |
| | * （乘法） | #i = #j * #k |
| | / （除法） | #i = #j/#k |
| 条件运算 | EQ （ = ） | #i EQ #j |
| | NE （ ≠ ） | #i NE #j |
| | GT （ > ） | #i GT #j |
| | GE （ ≥ ） | #i GE #j |
| | LT （ < ） | #i LT #j |
| | LE （ ≤ ） | #i LE #j |
| 逻辑运算 | OR （或） | #i = #J OR #k |
| | AND （异或） | #i = #j AND #k |
| | XOR （与） | #i = #j XOR #k |
| 函数运算 | SIN （正弦） | #i = SIN[ #j ] |
| | ASIN （反正弦） | #i = ASIN[ #j ] |
| | COS （余弦） | #i = COS[ #j ] |
| | ACOS （反余弦） | #i = ACOS[ #j ] |
| | TAN （正切） | #i = TAN[ #j ] |
| | ATAN （反正切） | #i = ATAN [ #j ]/[ #k ] |
| | SQRT （平方根） | #i = SQRT[ #j ] |
| | ABS （绝对值） | #i = ABS[ #j ] |

2）表达式。用运算符连接起来的常数和宏变量构成表达式。

① 华中数控系统表达式格式举例：

175/SQRT[ 2 ] * COS[ 55 * PI/180 ]；

#3 * 6 GT 14

② FANUC 数控系统表达式格式举例：

175/SQRT[ 2 ] * COS[ 55 ]；

#3 * 6 GT 14

3）赋值语句。把常数或表达式的值送给一个宏变量称为赋值，其格式为宏变量 = 常数或表达式。赋值的原则如下：

① 赋值符号"="两边的内容不能随意互换，左边只能是变量，右边可以是表达式、常数或变量。

② 一个赋值语句只能给一个变量赋值。

③ 可以多次给一个变量赋值，新的变量值会取代原来的变量值。

④ 赋值语句具有运算功能。

华中数控系统赋值语句格式举例：

$#2 = 175/\text{SQRT}[\,2\,] * \text{COS}[\,55 * \text{PI}/180\,]$

$#3 = 124.0$

FANUC 数控系统语句赋值格式举例：

$#2 = 175/\text{SQRT}[\,2\,] * \text{COS}[\,55\,]$

$#3 = 124.0$

（3）宏程序语句

1）条件判别语句（表2-11）。

表2-11  条件判别语句

| 华中数控系统 | | FANUC 数控系统 | |
|---|---|---|---|
| IF  ENDIF 语句 | | IF GOTO n 语句 | |
| IF［条件表达式］ | 条件满足执行 ENDIF 后面的程序段，条件不满足则执行 IF 后面的程序段 | IF［条件表达式］GOTO n | 条件满足执行 Nn 后面的程序段，条件不满足则执行 IF 后面的程序段 |
| …………… | | …………… | |
| …………… | | …………… | |
| ENDIF | | Nn……… | |
| …………… | | …………… | |
| …………… | | ……… | |

2）循环语句（表2-12）。

表2-12  循环语句

| 华中数控系统 | | FANUC 数控系统 | |
|---|---|---|---|
| WHILE  ENDW 语句 | | WHILE DO m  END m 语句 | |
| WHILE［条件表达式］ | 条件满足执行 WHILE 后面的程序段，条件不满足则执行 ENDW 后面的程序段 | WHILE［条件表达式］DO m （m = 1,2,3） | 条件满足执行 WHILE-DOm 后面的程序段，条件不满足则执行 ENDm 后面的程序段 |
| …………… | | …………… | |
| …………… | | …………… | |
| ENDW | | END m （m = 1,2,3） | |
| …………… | | ……… | |
| …………… | | ……… | |

（4）方程曲线车削加工的走刀路线  在实际车削加工中，有时会遇到工件轮廓是某种方程曲线的情况，此时可采用宏程序完成方程曲线的加工。

1）粗加工时应根据毛坯的情况选用合理的走刀路线。对棒料、外圆切削时，应选用类似 G71 指令的走刀路线；对盘料切削时，应选用类似 G72 指令的走刀路线；对内孔加工时，应选用类似 G72 指令的走刀路线，此时镗刀杆可粗一些，以保证加工质量。

2）精加工时一般应采用仿形加工，即半精车、精车各一次。

（5）椭圆轮廓的加工  对椭圆轮廓，其方程有两种形式，粗加工且采用 G71 或 G72 指令走刀方式时，用直角坐标方程比较方便；而精加工（仿形加工）用极坐标方程比较方便。

1）极坐标方程。

$$\begin{cases} x = 2a\sin\theta \\ z = b\cos\theta \end{cases}$$

式中　$a$——X 方向上椭圆的半轴长；

　　　　$b$——Z 方向上椭圆的半轴长；

　　　　$\theta$——椭圆上某点的圆心角，零角度在 Z 轴的正半轴。

2）直角坐标方程。

$$\frac{x^2}{a^2} + \frac{z^2}{b^2} = 1$$

$$z = b\sqrt{1 - \frac{x^2}{a^2}}$$

【例 2-18】加工如图 2-53 所示的椭圆轮廓，坯料为直径 $\phi$45 mm 的棒料，编程零点设在工件右端面。

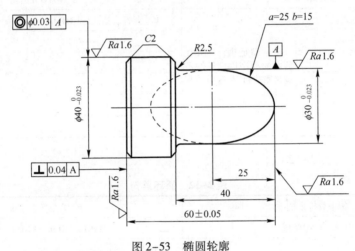

图 2-53　椭圆轮廓

加工本例工件时，试采用 B 类宏程序编写，先用封闭轮廓复合循环指令进行去除余量加工。精加工时，用直线进行拟合，这里以 Z 坐标作为自变量，X 坐标作为应变量，其加工程序如下：

O0001；

G99 G97 G21；

G50 S1800；

G96 S120；

S800 M03 T0101；

G00 X43 Z2 M08；

G73 U21 W0 R19；

G73 P1 Q2 U0. 5 W0. 1 F0. 2；

N1 G00 X0 S1000；

G42 G01 Z0 F0. 08；

#101 = 25；

N10 #102 = 15 * SQRT[1 - [#101 * #101]/[25 * 25]]；

G01 X[#102] Z[#101 - 25]；

#101 = #101 - 0. 1；

IF［#101GE0］GOTO10；

Z－37.5；

G02 X35 Z－40 R2.5；

G01 X36；

X40 Z－42；

N2 X43；

G70 P1 Q2；

G40 G00 X100 Z100 M09；

T0100 M05；

G97；

M30；

**3. 任务实施**

（1）工艺分析

1）零件分析。该零件表面由圆柱面、凹椭圆面等组成，精度要求一般，椭圆加工时，须用宏程序编程。

2）工艺路线。粗、精车左端面及圆柱面→粗、精车椭圆→用切断刀切断，留余量0.5 mm→调头，手工车端面，保证总长。

3）数值计算。该椭圆在$O_1X_1Z_1$坐标系内的标准方程为

$$\frac{X_1^2}{20^2} + \frac{Z_1^2}{30^2} = 1$$

如图 2-54 所示，设椭圆上任意一点 $A$ 在 $O_1X_1Z_1$ 坐标系内的坐标值用变量表示为 $X_{1a} = \#1$，$Z_{1a} = \#2$，代入上式，则

$$\frac{\#1^2}{20^2} + \frac{\#2^2}{30^2} = 1$$

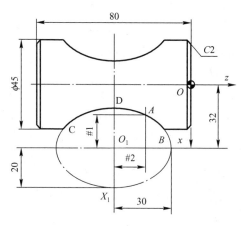

图 2-54　数值计算

用轨迹平移法粗、精车椭圆，以#2 为自变量，则有

$$\#1 = 20/30 * SQRT［30 * 30 - \#2 * \#2］$$

自右向左用微小的直线段逼近曲线，可见 #2 的初始值为 $Z_{1b}$，最终值为 $Z_{1c}$，在 $O_1X_1Z_1$ 坐标系内，有

$$X_{1b} = X_{1c} = 22.5 - 32 = -9.5$$

代入椭圆标准方程，可得 $Z_{1b} = 26.4$，$Z_{1c} = -26.4$，任意一点 $A$ 在 $OXZ$ 坐标系内的编程坐标值为

$$X = 2 * [32 - \#1],\ Z = \#2 - 40$$

4）刀具选择。粗、精车外圆和端面选用 90° 硬质合金右偏刀，置于 T01 号刀位；粗、精车椭圆选用 30° 菱形车刀，置于 T02 号刀位；切断刀选用硬质合金切断刀，置于 T03 号刀位，具体参数见表 2-13。

表 2-13　刀具卡

| 刀具号 | 刀具名称 | 用途 | 刀尖半径或刀宽/mm | 刀尖方位号 | 备注 |
|---|---|---|---|---|---|
| T01 | 90° 硬质合金右偏刀 | 粗、精车外圆和端面 | 0.3 | 3 | |
| T02 | 30° 菱形车刀 | 粗、精车椭圆 | 0.2 | 8 | |
| T03 | 硬质合金切断刀 | 切断 | 3 | | |

5）切削参数。根据车床功率，夹具结构，工件材料，刀具材料，刀具结构，粗、精加工等具体条件，选用不同的切削用量，详见加工工序卡中相关内容。

6）加工工序（表 2-14）。

表 2-14　加工工序卡

| 零件名称 | 椭圆轴 | 数量 | | 1 | | 工作场地 | | | 日期 | |
|---|---|---|---|---|---|---|---|---|---|---|
| 零件材料 | 45 钢 | 尺寸单位 | | 1 | | 设备及系统 | | | | |
| 毛坯规格 | | $\phi 50\ \text{mm} \times 100\ \text{mm}$ | | | | | 备注 | | | |
| 工序 | 名称 | | | | 工艺要求 | | | | | |
| 1 | 锯床下料 | | | | $\phi 50\ \text{mm} \times 100\ \text{mm}$ | | | | | |
| 2 | 数控车削 | 工步 | 工步内容 | 刀具号 | 刀具类型 | | 主轴转速 $n/(\text{r/min})$ | 进给量 $f/(\text{mm/r})$ | 切削深度 $\alpha_p/\text{mm}$ | |
| | | 1 | 粗车外圆和端面 | T01 | 90° 硬质合金右偏刀 | | 500 | 0.3 | 2 | |
| | | 2 | 精车外圆 | T01 | 90° 硬质合金右偏刀 | | 800 | 0.15 | 0.5 | |
| | | 3 | 粗车椭圆 | T02 | 30° 菱形车刀 | | 500 | 0.2 | 1.5 | |
| | | 4 | 精车椭圆 | T02 | 30° 菱形车刀 | | 800 | 0.15 | 0.25 | |
| | | 5 | 切断 | T03 | 切断刀 | | 400 | 0.05 | 3 | |
| 编制 | | 审核 | | | 批准 | | 共 1 页　第 1 页 | | | |

（2）程序编制　先用 G90 指令粗、精车外径，用宏程序结合循环指令 G73 和 G70，用轨迹平移法粗、精车椭圆。该椭圆在精车时，因曲线上相邻两点间为直线轨迹，故理论上存在欠切削现象。参考程序如下：

N010　　G21 G97 G99;

N020　　M03 S500 F0.3;

N030　　T0101;

N040　　M08;

N050　　G00 X50 Z2;

| N060 | G90 X46 Z − 85; |
|------|----------------|
| N070 | M03 S800 F0. 15; |
| N080 | G90 X45 Z − 85; |
| N090 | G00 X200 Z200; |
| N100 | M09; |
| N110 | M05; |
| N120 | M00; |
| N130 | T0202; |
| N140 | M03 S500 F0. 2; |
| N150 | M08; |
| N160 | G00 X55 Z − 13. 6; |
| N170 | G73 U9. 6 W0 R7; |
| N180 | G73 P190 Q270 U0. 5 W0; |
| N190 | G00 G42 X47 Z − 13. 6; |
| N200 | G01 X46; |
| N210 | #2 = 26. 4; |
| N220 | WHILE[ #2GE − 26. 4 ]D01; |
| N230 | #1 = 20. 0/30. 0 ∗ SQRT[ 30. 0 ∗ 30. 0 − #2 ∗ #2 ]; |
| N240 | G01 X[ 2 ∗ [ 32 − #1 ] ]Z[ #2 − 40 ]; |
| N250 | #2 = #2 − 0. 25; |
| N260 | END1; |
| N270 | G40 G01 X47; |
| N280 | M03 S800 F0. 15; |
| N290 | G00 X55 Z − 13. 6; |
| N300 | G70 P190 Q270; |
| N310 | G00 X200 Z200; |
| N320 | M09; |
| N330 | M05; |
| N340 | M00; |
| N350 | T0303; |
| N360 | M03 S400 F0. 05; |
| N370 | M08; |
| N380 | G00 X55 Z − 83. 5; |
| N390 | G01 X40; |
| N400 | G00 X45; |
| N410 | W2. 5; |
| N420 | G01 X40 W − 2. 5; |
| N430 | G01 X0; |
| N440 | G00 X200 Z200; |
| N450 | M09; |
| N460 | M30; |

# 项目小结

数控车床的两种编程方法为直径编程或半径编程。数控车床在通电后具有的状态称为数控机床的初始状态。根据指令代码在程序段中的有效性，把指令代码分为模态指令和非模态指令二种形式。数控车床是根据理想刀尖的轨迹进行编程的，而实际加工工件的轮廓线是刀尖圆弧的切点轨迹，两者之间的误差可通过刀具半径补偿的方法来消除。在功能较强的数控系统中，可用单一固定循环指令或多重复合循环指令编写数控程序，这样可以简化程序，提高编程和加工效率。

# 课后练习

**一、填空题**

1. 在轮廓表面车削时，当直径尺寸变化较大时，采用_____控制有利于保证零件的表面加工质量。

2. 车削加工时，其径向尺寸采用_____编程更方便。

3. 数控车床的工件坐标系习惯设定在_____。

4. 螺纹加工的进刀方式有_____。

5. 在进行螺纹加工时，为了防止乱牙，主轴上必须安装_____。

**二、选择题**

1. 在 FANUC 数控系统中，不能用于螺纹加工的指令是（　　）。

   A. G32　　　　　B. G76　　　　　C. G92　　　　　D. G85

2. G71 P04 Q15 U1.0 W0.5 D2.0 F0.3 S500；固定循环程序的粗加工吃刀深度的是（　　）。

   A. 1.0 mm　　　B. 0.5 mm　　　C. 2.0 mm　　　D. 0.3 mm

3. 在选择车削加工刀具时，若用一把刀既能加工轮廓、又能加工端面，则车刀的（　　）应大于90°。

   A. 前角　　　　　B. 后角　　　　　C. 主偏角　　　　D. 副偏角

4. 影响数控车削加工精度的因素很多，要提高工件的加工质量，有很多措施，但（　　）不能提高加工精度。

   A. 控制刀尖中心高误差　　　　　　B. 正确选择车刀类型

   C. 减小刀尖圆弧半径对加工的影响　D. 将绝对编程改变为增量编程

5. 试切对刀法如图 2-55 所示，由图可以看出（　　）。

   A. 图 2-55a 完成 Z 向对刀

   B. 图 2-55a 完成 X 向对刀，图 2-55b 完成 Z 向对刀

   C. 图 2-55b 完成 X 向对刀

   D. 图 2-55a 完成 Z 向对刀，图 2-55b 完成 X 向对刀

**三、判断题**

1. 利用假想刀尖点编出的程序，在进行倒角、锥面及圆弧切削时，会产生欠切或过切现象。（　　）

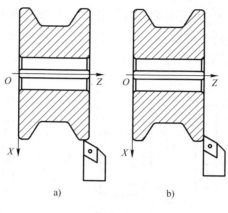

图 2-55

2. 数控车床适宜加工轮廓形状特别复杂或难于控制尺寸的回转体零件、箱体类零件、精度要求高的回转体类零件、特殊的螺旋类零件等。（　　）

3. 程序 G32 X35.2 Z−22 F1.5；为单一螺纹加工指令，执行过程中进给速度为 1.5mm/min。（　　）

## 四、编程题

1. 加工如图 2-56 所示的零件，毛坯尺寸为 $\phi65\ mm \times 105\ mm$，材料为 45 钢。仔细识读图样，计算出基点坐标，并编写零件的加工程序。

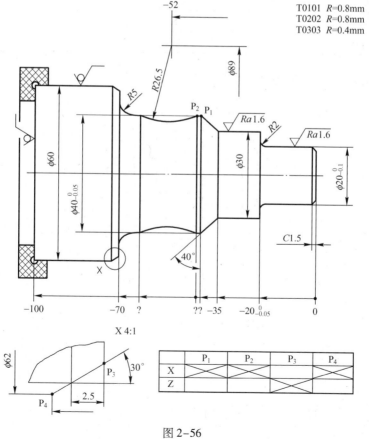

图 2-56

2. 如图 2-57 所示的零件，采用棒料加工，由于毛坯余量较大，在精车外圆前应采用外圆粗车指令 G71 去除大部分的毛坯余量，粗车后留 0.3 mm 的余量（单边）。所用刀具及其加工参数见表 2-15，编写零件的切削加工程序。

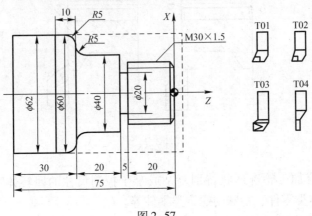

图 2-57

表 2-15   主要切削参数

| 刀具及加工表面 / 切削用量 | 主轴转速 $s$/r·min$^{-1}$ | 进给量 $f$/mm·r$^{-1}$ |
|---|---|---|
| T01   粗车外圆 | 800 | 0.3 |
| T02   精车外圆 | 1000 | 0.15 |
| T03   切槽 | 315 | 0.16 |
| T04   车螺纹 | 600 | 1.5 |

3. 对如题图 2-58 所示的零件进行数控编程。

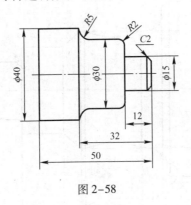

图 2-58

82

# 项目3　数控铣床铣削加工程序编制

## 学习目标

（1）了解数控铣削编程的特点，学习典型零件数控铣削加工工艺的分析方法。

（2）掌握数控铣床典型数控系统常用指令的编程规则及编程方法。

（3）掌握轮廓铣削加工的编程方法，会利用刀具半径补偿功能，编制轮廓铣削程序。

（4）掌握型腔槽及圆柱孔加工程序的编制方法。

## 任务3.1　平面类零件加工程序编制

### 1. 任务分析

加工如图3-1所示零件的上表面及台阶面（其余表面已加工）。毛坯为 100 mm × 80 mm × 32 mm 的长方体，材料为45钢，单件生产。

该零件包含了平面、台阶面的加工，公差等级约为IT10，表面粗糙度 $Ra$ 值全部为 3.2 μm，没有几何公差项目的要求，整体加工要求不高。

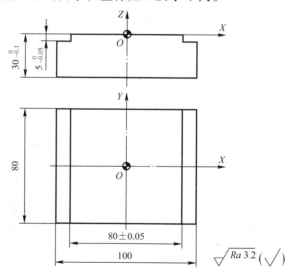

图3-1　平面类零件

### 2. 相关知识

（1）数控铣床的主要功能　数控铣床的功能齐全，主要用于各类较复杂的平面、曲面和壳体类零件的加工，如各类模具、叶片、凸轮、连杆和箱体等；并能进行铣槽，钻、扩、铰、镗孔的工作，特别适合于加工各种具有复杂曲线轮廓及截面的零件，尤其是进行模具加工。常见的铣削加工范围如图3-2所示。图3-3所示为立式数控铣床，图3-4所示为龙门式数控铣床。

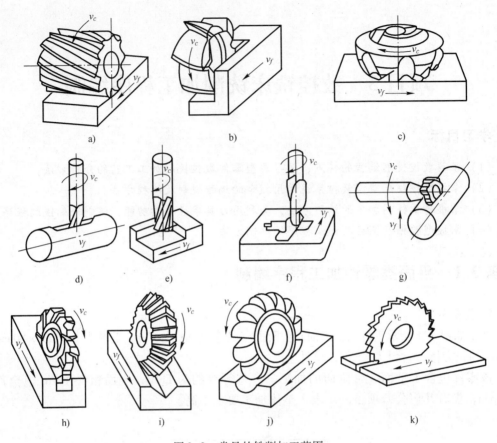

a)                              b)                              c)

d)              e)                        f)                        g)

h)                    i)                    j)                    k)

图 3-2  常见的铣削加工范围

图 3-3  立式数控铣床

图 3-4  龙门式数控铣床

（2）数控铣床工艺装备

1）夹具

① 在选用夹具时应综合考虑产品的生产批量、生产率、质量保证及经济性等问题。

② 零件定位、夹紧的部位应不妨碍各部位的加工、刀具更换以及重要部位的测量。

③ 夹紧力应通过靠近主要支承点或在支承点所组成的三角形内。

④ 零件的装夹、定位要考虑到重复安装的一致性。

2）刀具。一般说来，数控铣床所用刀具应具有较高的耐用度和刚度，且具有可调、易更换等特点。刀具材料的抗脆性好，并有良好的断屑性能。

① 平面铣削应选用不重磨硬质合金端铣刀或立铣刀。

② 立铣刀和镶硬质合金刀片的端铣刀主要用于加工凸台、凹槽和箱口面。

③ 铣削平面零件的周边轮廓一般采用立铣刀。

④ 铣削型面零件和变斜角轮廓外形时常采用球头刀、环形刀、鼓形刀和锥形刀等，如图3-5所示。另外，对于一些成型面还常使用各种成型铣刀。

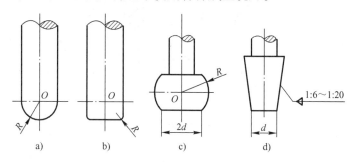

图 3-5　轮廓加工常用刀具

（3）数控铣床坐标系的确定方法　确定数控铣床坐标轴时，一般先确定 $Z$ 轴，再确定 $X$ 轴和 $Y$ 轴。

1）$Z$ 轴的确定。通常把传递切削力的主轴定为 $Z$ 轴。对刀具旋转的铣床、钻床、镗床、攻丝机等来说，转动刀具的轴为 $Z$ 轴，图3-6所示为立式数控铣床坐标系。

2）$X$ 轴的确定。$X$ 轴位于与工件装夹面相平行的水平面内。对于主轴带动刀具旋转的机床，如铣床、转床、镗床等，若 $Z$ 轴是水平的，则从刀具（主轴）向工件看，$X$ 轴的正方向指向右边，如图3-7所示；若 $Z$ 轴是竖直的，则从刀具（主轴）向立柱看，$X$ 轴的正方向指向右边，如图3-6所示。

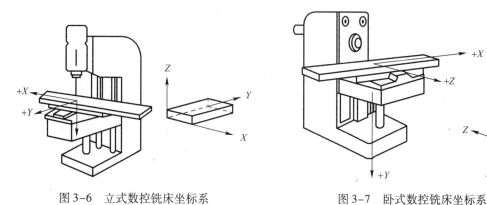

图 3-6　立式数控铣床坐标系　　　　图 3-7　卧式数控铣床坐标系

3）$Y$ 轴的确定。$Y$ 轴的方向根据已选定的 $Z$、$X$ 轴按右手直角坐标系来确定，如图3-8所示。

（4）数控铣床编程基础

1）准备功能 G。准备功能 G 指令有以下两种：非模态准备功能 G 指令，仅在被指定的程序段内有效；模态准备功能 G 指令，同一组的其他准备功能 G 指令被指定之前均有效。

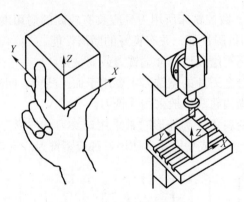

图 3-8　立式铣床坐标系

数控铣床的准备功能 G 代码见表 3-1。

表 3-1　数控铣床的准备功能 G 代码

| 代码 | 组号 | 含　义 | 代码 | 组号 | 含　义 |
|---|---|---|---|---|---|
| G00 * | 01 | 点定位（快速进给） | G57 | 14 | 工件坐标系 4 选择 |
| G01 | | 直线插补（切削进给） | G58 | | 工件坐标系 5 选择 |
| G02 | | 顺时针圆弧插补 | G59 | | 工件坐标系 6 选择 |
| G03 | | 逆时针圆弧插补 | G60 | 00 | 单一方向定位 |
| G04 | 00 | 暂停、准确停止 | G61 | 15 | 准确定位方式 |
| G09 | | 准确停止 | G64 * | | 切削方式 |
| G17 * | 02 | OXY 平面指定 | G73 | 09 | 深孔钻循环 |
| G18 | | OZX 平面指定 | G74 | | 反攻螺纹循环 |
| G19 | | OYZ 平面指定 | G76 | | 精镗 |
| G20 | 06 | 英制输入 | G80 * | | 取消固定循环 |
| G21 | | 米制输入 | G81 | | 钻削循环，锪孔 |
| G27 | 00 | 返回参考点检测 | G82 | | 钻孔循环，镗阶梯孔 |
| G28 | | 返回参考点 | G83 | | 深孔钻循环 |
| G29 | | 从参考点返回 | G84 | | 攻螺纹循环 |
| G30 | | 返回第二参考点 | G85 | | 镗孔循环 |
| G40 * | 07 | 取消刀具半径补偿 | G86 | | 镗孔循环 |
| G41 | | 刀具半径左侧补偿 | G87 | | 反镗孔循环 |
| G42 | | 刀具半径右侧补偿 | G88 | | 镗孔循环 |
| G43 | 08 | 刀具长度补偿 + | G89 | | 镗孔循环 |
| G44 | | 刀具长度补偿 − | G90 * | 03 | 绝对尺寸输入 |
| G49 * | | 取消刀具长度补偿 | G91 | | 增量尺寸输入 |
| G52 | 00 | 局部坐标系设定 | G92 | 00 | 坐标系设定 |
| G53 | | 机床坐标系选择 | G94 * | 05 | 每分钟进给 |

| 代码 | 组号 | 含　义 | 代码 | 组号 | 含　义 |
|---|---|---|---|---|---|
| G54 * | | 工件（或加工）坐标系 1 选择 | G98 * | | 返回初始平面 |
| G55 | 14 | 工件坐标系 2 选择 | G99 | 10 | 返回点 R 所在平面 |
| G56 | | 工件坐标系 3 选择 | | | |

注：00 组的准备功能 G 指令为非模态指令，只限定在被指定的程序段中有效；其余组的准备功能 G 指令属于模态指令，具有延续性，在同组的准备功能 G 指令未出现之前一直有效。

2）辅助功能 M。辅助功能 M 指令是机床操作时的工艺性指令，它分为前指令代码和后指令代码两类。前指令代码是指该指令在程序段中首先被执行（不管该指令是否写在程序段的前或后），然后再执行其他指令；后指令代码则相反。常用的辅助功能 M 代码见表 3-2。

表 3-2　常用辅助功能 M 代码

| 代　码 | 含　义 | 指令执行类别 |
|---|---|---|
| M00 | 程序暂停 | 后指令代码 |
| M01 | 选择停止 | |
| M02 | 程序结束 | |
| M30 | 程序结束返回 | |
| M03 | 主轴正转 | 前指令代码 |
| M04 | 主轴反转 | |
| M05 | 主轴停 | 后指令代码 |
| M07 | 切削液打开 | 前指令代码 |
| M09 | 切削液关闭 | 后指令代码 |
| M12 | 主轴正转、切削液打开 | 前指令代码 |
| M14 | 主轴反转、切削液打开 | |
| M17 | 主轴停、切削液关闭 | 后指令代码 |
| M98 | 调用子程序 | |
| M99 | 子程序结束 | |

① M00 是一个暂停指令。当执行有 M00 指令的程序段后，主轴停转、进给停止、切削液关、程序停止。它与单段程序执行后停止相同，模态信息全部被保存，利用 CNC 的启动，可使机床继续运转。该指令可以用来检测加工工件的尺寸，在刀具长度已知的情况下可手动更换刀具（数控铣床没有自动换刀功能）。

② M01 指令的作用和 M00 指令相似，但它必须是在预先按下操作面板上的"OPS"（选择停止）按钮的情况下，当执行完编有 M01 指令程序段的其他指令后，才会停止执行程序。如果不按下"OPS"按钮，M01 指令无效，程序继续执行。

③ 注意 M02 指令与 M30 指令的区别。M02 指令只将控制部分复位到初始状态，表示程序结束；M30 指令除将机床及控制系统复位到初始状态外，还可自动返回到程序的开头位置，为加工下一个工件做好准备。

④ 在一个程序段中只能执行一个准备功能 M 指令，若一个程序段中同时存在两个或两

个以上的准备功能 M 指令时，则只有最后一个准备功能 M 指令有效，其余的准备功能 M 指令均无效。

3）其他功能。

① 进给功能 F。由字符 F 及其后面的若干位数字组成，其单位为 mm/min（米制，系统默认）或 in/min（英制）。例如，F150 表示进给速度为 150 mm/min。

② 主轴转速功能 S。由字符 S 及其后面的若干位数字组成，其单位为 r/min。例如，S300 表示主轴转速为 300 r/min。

③ 刀具功能 T。在多道工序加工时，必须选取合适的刀具。每把刀具都应安排一个刀具号，刀具号在程序中指定。刀具号用字母 T 及其后面的两位数字表示，即 T00 ~ T99，因此，最多可换 100 把刀。如 T06 指令表示 6 号刀具。

注意：在数控铣床的实际操作中，由于没有自动换刀功能，所以该功能指令只能用来表示下一个加工程序段所用的刀具是什么（具体参见刀具长度补偿指令举例）。

（5）常用编程指令

1）绝对值方式指令 G90 和增量方式指令 G91。

格式：G90(G91);

说明：G90 指令表示程序段中的运动坐标数字为绝对坐标值，即从编程零点开始的坐标值；G91 指令表示程序段中的运动坐标数字为相对坐标值，即程序段的终点坐标值都是相对于前一坐标点的坐标值给出的。

2）插补平面选择指令 G17、G18、G19。

格式：G17(G18/G19);

说明：

① G17 指令为选择 OXY 插补平面，G18 指令为选择 OXZ 插补平面，G19 指令为选择 OYZ 插补平面，如图 3-9 所示。

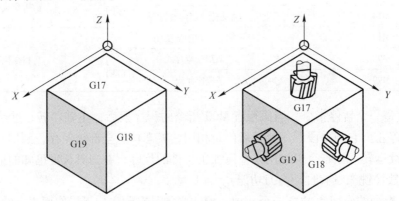

图 3-9　钻削或铣削时的平面和坐标轴布置

② 当存在刀具补偿时，不能变换定义平面。系统通电时默认处于 G17 状态。

③ 为了加工方便，Z 坐标可单独编程，而不考虑平面的定义。但编入两坐标联动时，必须考虑平面的选择问题。

在计算刀具长度补偿和半径补偿时必须要先确定一个平面，在此平面中可以进行刀具半径补偿。另外根据不同的刀具类型进行相应的刀具长度补偿。

3）快速定位指令 G00 和直线插补指令 G01。

① 快速定位指令 G00。

格式：G00 X__ Y__ Z__；

说明：

a. 在 G00 指令下，刀具会从所在点以最快的速度（系统设定的最高速度）移动到目标点。

b. 当用绝对指令时，X、Y、Z 为目标点在工件坐标系中的坐标值；当用增量坐标时，X、Y、Z 为目标点相对于起点的增量坐标值。

c. 不运动的坐标可以不写。

d. 当 Z 轴按指令远离工作台时，先 Z 轴运动，再 X、Y 轴运动；当 Z 轴按指令接近工作台时，先 X、Y 轴运动，再 Z 轴运动。

【例 3-1】 如图 3-10 所示，刀具由起点 A 快速移动到目标点 B 的程序如下：

N10 G00 X90 Y70；

② 直线插补指令 G01。

格式：G01 X__ Y__ Z__ F__；

说明：

a. G01 指令刀具从所在点以直线移动到目标点。

b. 当用绝对指令时，X、Y、Z 为目标点在工件坐标系中的坐标值；当用增量坐标时，X、Y、Z 为目标点相对于起点的增量坐标值，F 为刀具的进给速度。

c. 不运动的坐标可以不写。

d. 系统在通电时默认处于 G01 状态。

【例 3-2】 如图 3-10 所示，刀具由起点 A 直线运动到目标点 B，进给速度为 100 mm/min，程序如下：

N10 G01 X90 Y70 F100；

**3. 任务实施**

（1）分析零件图样　该零件包含了平面、台阶面的加工，公差等级约为 IT10，表面粗糙度 Ra 值全部为 3.2 μm，没有几何公差项目的要求，整体加工要求不高。

（2）工艺分析　台阶平面工件在加工时一般选用的是大直径的端面铣刀，如图 3-11所示。

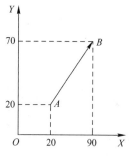

图 3-10　G00 编程举例

图 3-11　端面铣刀

常用的平面铣削工艺路径有单向平行切削、往复平行切削和环切切削三种，如图 3-12 所示。

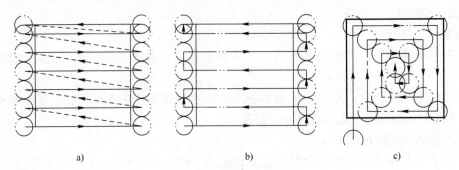

图 3-12　平面铣削工艺路径

a）单向平行切削路径　b）往复平行切削路径　c）环切切削路径

每次进刀的行距位移值不超过端面铣刀的直径，如果进刀位移等于端面铣刀的直径，零件表面将会留下接刀痕，影响表面加工精度。

1）确定加工方案。该零件是加工台阶平面，所以不需要进行刀具补偿，直接计算刀具中心轨迹后进行加工。由于零件尺寸是对称的，所以工件坐标系原点建立在零件上表面的正中心。

根据图样加工要求，上表面的加工方案采用端铣刀粗铣，然后精铣；台阶面用立铣刀粗铣，然后精铣。

2）确定装夹方案。加工上表面、台阶面时，可选用平口虎钳装夹，底部用垫块垫起。用百分表调整工件至水平，工件上表面高出钳口 10 mm 左右。

3）确定加工工艺。数控加工工序卡见表 3-3。

表 3-3　数控加工工序卡

| 工步号 | 工步内容 | 刀具号 | 主轴转速 /（r/min） | 进给速度 /（mm/min） | 背吃刀量 /mm | 侧吃刀量 /mm |
|---|---|---|---|---|---|---|
| 1 | 粗铣上表面 | T01 | 250 | 300 | 3.5 | 80 |
| 2 | 精铣上表面 | T01 | 400 | 160 | 0.5 | 80 |
| 3 | 粗铣台阶面 | T02 | 350 | 100 | 4.5 | 9.5 |
| 4 | 精铣台阶面 | T02 | 450 | 80 | 0.5 | 0.5 |

4）确定进给路线。

① 运用往复平行切削方法加工零件的上表面。

② 运用单向切削方法加工左边的台阶。

③ 运用单向切削方法加工右边的台阶。

5）确定刀具及切削参数。刀具及切削参数见表 3-4。

表 3-4　数控加工刀具卡

| 序号 | 刀具号 | 刀具名称 | 刀具规格/mm | | 补偿值/mm | | 刀补号 | | 备注 |
|---|---|---|---|---|---|---|---|---|---|
| | | | 直径 | 长度 | 半径 | 长度 | 半径 | 长度 | |
| 1 | T01 | 端铣刀（8 齿） | φ125 | 实测 | | | | | 硬质合金 |
| 2 | T02 | 立铣刀（3 齿） | φ20 | 实测 | | | | | 高速钢 |

（3）参考程序编制

1）工件坐标系的建立。以如图 3-1 所示的上表面中心作为 G54 工件坐标系的原点。

2）基点坐标值的计算（略）。

3）参考程序。

① 上表面加工。

| | |
|---|---|
| O4002； | 程序名 |
| N10 G90 G54 G00 X120 Y0； | 建立工件坐标系,快速进给至下刀位置 |
| N20 M03 S250； | 起动主轴,主轴转速为 250 r/min |
| N30 Z50 M08； | 主轴到达安全高度,同时打开切削液 |
| N40 G00 Z5； | 接近工件 |
| N50 G01 Z0. 5 F100； | Z 向下刀至 0. 5 mm |
| N60 X – 120 F300； | 粗铣上表面 |
| N70 Z0 S400； | Z 向下刀至 0 mm,主轴转速为 400 r/min |
| N80 X120 F160； | 精铣上表面 |
| N90 G00 Z50 M09； | Z 向抬刀至安全高度,并关闭切削液 |
| N100 M05； | 主轴停 |
| N110 M30； | 程序结束 |

② 台阶面加工。

| | |
|---|---|
| O4003； | 程序名 |
| N10 G90 G54 G00 X – 50. 5 Y – 60； | 建立工件坐标系,快速进给至下刀位置 |
| N20 M03 S350； | 启动主轴 |
| N30 Z50 M08； | 主轴到达安全高度,同时打开切削液 |
| N40 G00 Z5； | 接近工件 |
| N50 G01 Z – 4. 5 F100； | Z 向下刀至 – 4. 5 mm |
| N60 Y60； | 粗铣左侧台阶 |
| N70 G00 X50. 5； | 快进至右侧台阶起刀位置 |
| N80 G01 Y – 60； | 粗铣右侧台阶 |
| N90 Z – 5 S450； | Z 向下刀至 – 5 mm |
| N100 X50； | 走至右侧台阶起刀位置 |
| N110 Y60 F80； | 精铣右侧台阶 |
| N120 G00 X – 50； | 快进至左侧台阶起刀位置 |
| N130 G01 Y – 60； | 精铣左侧台阶 |
| N140 G00 Z50； | 抬刀 |
| N150 M05 M09； | 主轴停,并关闭切削液 |
| N160 M30； | 程序结束 |

# 任务3.2　外轮廓零件加工程序编制

## 1. 任务分析

平面零件加工一般指在同一深度下进行 OXY 平面的切削，加工过程中 Z 轴无进给。根据零件形状可分为外轮廓和内轮廓。外、内轮廓零件也分别称为凸台零件和凹槽零件。如图 3-13 所示，要求加工尺寸为 80 mm×80 mm 外形轮廓，过渡圆弧半径为 R5 mm，加工尺寸为 $\phi$40 mm 圆槽内轮廓，工件材料为 YL12。

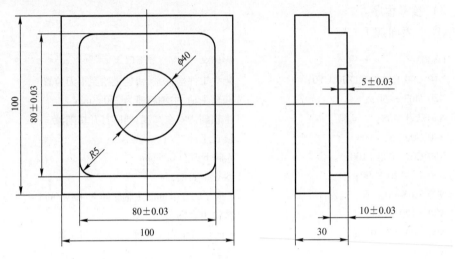

图 3-13　方形凸台

## 2. 相关知识

（1）圆弧插补指令 G02、G03　刀具以圆弧轨迹从起点移动到终点，方向由 G 指令确定。G02 指令表示在指定平面顺时针插补，G03 指令表示在指定平面逆时针插补。平面指定指令与圆弧插补指令的关系，如图 3-14 所示。

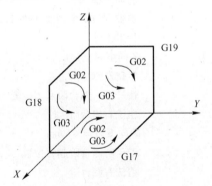

图 3-14　平面指定指令与圆弧插补指令的关系

1）已知圆心坐标和终点坐标编写圆弧程序。

格式：G17 G02/G03 X__ Y__ I__ J__ F__;
　　　G18 G02/G03 X__ Z__ I__ K__ F__;
　　　G19 G02/G03 Y__ Z__ J__ K__ F__;

说明：

① X、Y、Z 为圆弧终点的坐标值。G90 时 X、Y、Z 是圆弧终点的绝对坐标值，G91 时 X、Y、Z 是圆弧终点相对于圆弧起点的增量值。

② I、J、K 表示圆弧圆心的坐标，是圆心相对于圆弧起点在 X、Y、Z 轴方向上的增量

值，也可以理解为圆弧起点到圆心的矢量（矢量方向指向圆心）在 X、Y、Z 轴上的投影，与前面定义的 G90 或 G91 无关。I、J、K 为零时可以省略。F 为沿圆弧切向的进给速度。

③ G17、G18、G19 为圆弧插补平面选择指令，以此来确定被加工表面所在的平面，G17 可以省略。

【例 3-3】如图 3-15 所示，从圆弧起点到圆弧终点的程序如下：

绝对值方式编程：G90 G02 X58 Y48 I13 J8 F100；
增量值方式编程：G91 G02 X26 Y16 I13 J8 F100；

注：只有用圆心坐标和终点坐标才可以为一个整圆编程。

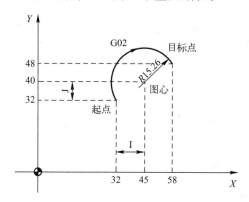

图 3-15 用圆心坐标和终点坐标进行圆弧插补

2）已知终点和半径尺寸编写圆弧程序。

格式：G17 G02/G03 X__ Y__ R__ F__；
　　　G18 G02/G03 X__ Z__ R__ F__；
　　　G19 G02/G03 Y__ Z__ R__ F__；

说明：在使用半径尺寸的圆弧插补中，由于在同一圆弧半径 R 的情况下，从起点 $A$ 到终点 $B$ 的圆弧可能有两个，如图 3-16 所示，即圆弧段 1 和圆弧段 2。为了区别二者，特规定圆弧所对应的圆心角小于等于 180°时（圆弧段 1）用 +R，圆心角大于 180°的圆弧（圆弧段 2）用 -R，其程序如下：

圆弧段 1，由图 3-16 可知 $A$、$B$ 两点的坐标为 $A(-40, -30)$，$B(40, -30)$，则程序为：

G90 G02 X40 Y -30 R50 F100；或 G91 G02 X80 Y0 R50 F100；

圆弧段 2 程序为：

G90 G02 X40 Y -30 R -50 F100；或 G91 G02 X80 Y0 R -50 F100；

3）整圆编程时不能使用 R，只能使用 I、J、K。

【例 3-4】图 3-17 为一封闭圆，现设起刀点在坐标原点 O。加工时刀具从 O 快速移动至点 $A$，以逆时针加工整圆，用绝对尺寸编程：

N10 G92 X0 Y0 Z0；
N20 G90 G00 X30 Y0；

N30 G03 X30 Y0 I – 30 J0 F100；
N40 G00 X0 Y0；

用增量尺寸编程：

N20 G91 G00 X30 Y0；
N30 G03 X0 Y0 I – 30 J0 F100；
N40 G00 X – 30 Y0；

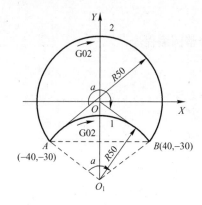

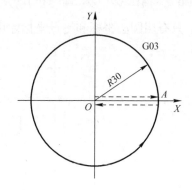

图 3-16　圆弧用 R 编程　　　　　　图 3-17　整圆编程

（2）刀具半径补偿。

当加工曲线轮廓时，对于有刀具半径补偿功能的数控系统，可不必求刀具中心的运动轨迹，只按被加工工件的轮廓曲线编程，同时在程序中给出刀具半径的补偿指令，就可加工出具有轮廓曲线的零件，使编程工作大大简化。

本系统具有刀具长度补偿和半径补偿功能，刀具的有关参数被单独输入到专门的数据区，包括刀具长度及半径的基本尺寸和磨损尺寸、刀具类型、刀尖位置等参数。在程序中只要调用所需的刀具号及其补偿参数，控制器就会利用这些参数执行所要求的轨迹补偿，加工出满足要求的工件。

一个刀具可以匹配 1 ~ 9 个不同补偿的数据组。用 D 指令及其相应的序号可以编制一个专门的切削刃程序段。若没有编写 D 指令，则 D1 自动生效；若编写 D 指令，则刀具补偿值无效。系统中最多可以同时存储 30 个刀具补偿数据组。

刀具在调用后，刀具长度补偿立即生效。编程中的刀具长度补偿先执行，对应的坐标轴也先运行。但刀具半径补偿必须与 G41 或 G42 指令一起执行。G41 指令为刀具半径左补偿指令，G42 指令为刀具半径右补偿指令，G40 指令为取消刀具半径补偿指令，如图 3-18 所示。

1）刀具半径补偿指令 G41、G42。
格式：G17 G41/G42 G00/G01 X__ Y__ D__；
　　　G18 G41/G42 G00/G01 X__ Z__ D__；
　　　G19 G41/G42 G00/G01 Y__ Z__ D__；

说明：系统在所选择的平面 G17 ~ G19 中以刀具半径补偿的方式进行加工。由于刀具半径补偿的建立和取消必须在包含运动的程序段中完成，因此以上格式中也写入了 G00（或 G01）。D 为刀具半径补偿代号，刀具半径值预先寄存在 D 指令的存储器中。X、Y 为目标坐

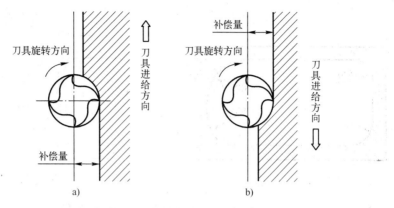

图 3-18 G41/G42 指令

a) 刀具半径左补偿: G41  b) 刀具半径右补偿: G42

标点, F 为进给速度（用 G00 编程时 F 省略）。控制器自动计算出当前刀具运行时所产生的与编程轮廓等距离的刀具轨迹。

2）取消刀具半径补偿指令 G40。所有平面上取消刀具半径补偿的指令均为 G40。在最后一段刀具半径补偿轨迹加工完成后，与建立刀具半径类似，也应有一直线程序段 G00 或 G01 指令来取消刀具半径补偿，以保证刀具从刀具半径补偿终点（刀补终点）运动到取消刀具半径补偿点（取消刀补点）。G40、G41、G42 指令是模态代码，它们可以互相注销。

3）刀具半径补偿时的过切现象及防止。在程序中使用刀具半径补偿功能时，有可能会产生加工过切现象，下面分析产生过切现象的原因及具体防止措施。

① 加工半径小于刀具半径的内圆弧。当程序给定的圆弧半径小于刀具半径时，向圆弧圆心方向的半径补偿将会导致过切，如图 3-19 所示。这时数控机床的系统将会报警，并且程序停止在将要过切语句的起点上，所以补偿时就应注意，只有在过渡圆角半径 $R \geq$ 刀具半径 $r$ + 精加工余量的情况下，才可正常切削，图 3-20 所示为正常切削情况。如图 3-21 所示的内轮廓，只能选用半径为 10 mm 或更小的刀具加工。

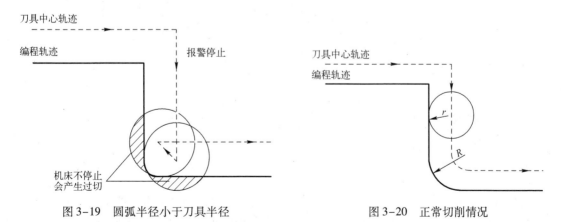

图 3-19  圆弧半径小于刀具半径

图 3-20  正常切削情况

② 被铣削槽底的宽度小于刀具直径。如图 3-22 所示，如果刀具半径补偿使刀具中心向编程路径的反方向运动时，将会导致过切。在这种情况下，数控机床的系统将会报警，并且程序停止在该程序段的起点上。

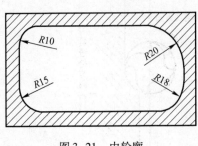

图 3-21 内轮廓

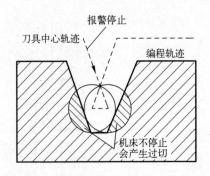

图 3-22 被铣削槽底的宽度小于刀具直径

③ 无移动类指令。在两个或两个以上连续程序段内无指定补偿平面内的坐标移动，将会导致过切。

【例 3-5】 如图 3-23 所示，现用 φ30 mm 的立铣刀铣削该零件的轮廓。刀具半径补偿地址为 D07，在加工前存入 15。程序如下：

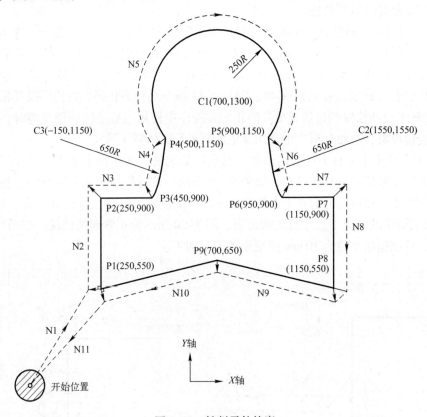

图 3-23 铣削零件轮廓

| G92 X0 Y0 Z0； | 指定绝对坐标值,刀具定位在开始位置 X0 Y0 Z0 |
|---|---|
| N1 G90 G17 G00 G41 X250 Y550 D07； | 开始刀具半径补偿（起刀）,建立刀具半径左补偿,D07 已预先设定为 15（刀具半径为 15 mm） |
| N2 G01 Y900 F150； | 从 P1 到 P2 加工 |
| N3 X450； | 从 P2 到 P3 加工 |

| N4 G03 X500 Y1150  R650; | 从 P3 到 P4 加工 |
|---|---|
| N5 G02 X900 R∸250; | 从 P4 到 P5 加工 |
| N6 G03 X950 Y900 R650; | 从 P5 到 P6 加工 |
| N7 G01 X1150; | 从 P6 到 P7 加工 |
| N8 Y550; | 从 P7 到 P8 加工 |
| N9 X700 Y650; | 从 P8 到 P9 加工 |
| N10 X250 Y550; | 从 P9 到 P1 加工 |
| N11 G00 G40 X0 Y0; | 取消刀具半径补偿,刀具返回到开始位置 |

④ 刀具半径补偿功能给数控加工带来了方便,简化了编程工作。编程人员不但可以直接按零件轮廓编程,而且还可以用同一个加工程序,对零件轮廓进行粗、精加工。

如图 3-24 所示,当按零件轮廓编程以后,在粗加工零件时可以把偏移量设为 $D$, $D = R + \Delta$,其中 $R$ 为铣刀半径,$\Delta$ 为精加工前的加工余量,那么零件被加工完成以后将得到一个比零件轮廓 $ABCDEF$ 各边都大 $\Delta$ 的零件轮廓 $A'B'C'D'E'F'$。在精加工零件时,设偏移量 $D = R$,这样零件被加工完后,将得到零件的实际轮廓 $ABCDEF$。

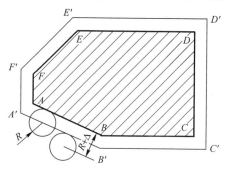

图 3-24　刀具半径补偿功能利用之一

此外,可以利用刀具半径补偿功能,利用同一个程序,加工同一个基本尺寸的内、外两个型面。如图 3-25 所示,当偏移量为 +$D$ 时,刀具中心将沿轨迹在轮廓外侧切削,如图 3-25a 所示;当偏移量为 −D 时,刀具中心将沿轨迹在工件轮廓内侧切削,如图 3-25b 所示。

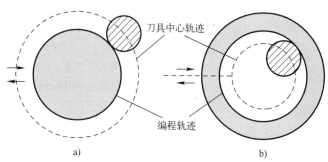

图 3-25　刀具半径补偿功能利用之二

**3. 任务实施**

(1) 图样分析　根据图样可知,零件尺寸为 80 mm × 80 mm,外形公差为 ±0.03 mm,深度为 10 mm ± 0.03 mm;槽的为 φ40 mm,深度为 5 mm ± 0.03 mm,表面粗糙度 $Ra$ 值均

为 3.2 μm。

（2）工艺分析　立铣刀和键槽铣刀加工时是有区别的，立铣刀不能垂直下刀切削，所以要在零件毛坯尺寸以外的区域下刀，用刀具的侧刃进行加工；而键槽铣刀是可以垂直下刀铣削，所以可以在工件中心下刀。本例采用尺寸为 φ20 mm 的高速钢键槽铣刀。

根据图样分析及所选机床能够满足的精度要求，分粗、精两次加工，具体加工工艺见表 3-5。

表 3-5　数控铣床加工工序卡片

| 工步号 | 工步内容 | 刀具号 | 刀具名称 | 补偿号 | 补偿值 /mm | 主轴转速 /(r/min) | 进给速度 /(mm/min) | 切削深度 /mm | 加工余量 /mm |
|---|---|---|---|---|---|---|---|---|---|
| 1 | 粗铣外形 | T01 | 高速钢键槽铣刀 | D01 | 15 | 1000 | 300 | 9.8 | 0.2 |
| | | | | D02 | 10.2 | | | | |
| 2 | 精铣外形 | T01 | 高速钢键槽铣刀 | D03 | 10 | 1000 | 300 | 0.2 | 0 |
| 3 | 粗铣槽 | T02 | 高速钢键槽铣刀 | D02 | 10.2 | 1000 | 300 | 4.8 | 0.2 |
| 4 | 精铣槽 | T02 | 高速钢键槽铣刀 | D03 | 10 | 1000 | 300 | 0.2 | 0 |

（3）装夹定位　根据生产批量的要求及零件的设计基准情况，采用平口钳装夹工件，以工件上表面的中心点作为工件坐标系的原点。用寻边仪找正其中心点，以工件上表面为基准进行对刀。

（4）编写加工程序　为了方便程序的调整，以及使程序层次清晰，本程序在编写时，使用了子程序，然后用一个主程序将各个子程序按照加工顺序逐个串联起来，就形成了一个完整的程序。

主程序：

| O0001; | |
|---|---|
| G21; | 长度单位是米制 |
| G00 G17 G40 G49 G80 G90; | G17 选择 OXY 平面,G40 刀具半径补偿取消,G49 刀具长度补偿取消,G80 钻孔循环取消,G90 绝坐标编程 |
| G00 G90 G54 X - 40 Y - 65 S1000 M03; | 设定坐标系,主轴转速,主轴正转 |
| Z50; | Z 向快速下刀 |
| Z5; | Z 向快速下刀 |
| G01 Z - 9.8; | 直线插补,Z 向下刀至 - 9.8 mm |
| D02 M98 P10002; | 选 2 号刀补偿,调用子程序 |
| G01 Z - 10 F500; | 直线插补,Z 向下刀至 - 10 mm |
| D01 M98 P10002; | 选 1 号刀补偿,调用子程序 |
| D02 M98 P10002; | 选 2 号刀补偿,调用子程序 |
| G01 Z - 10 F500; | 直线插补,Z 向下刀至 - 10 mm |
| D01 M98 P10002; | 选 1 号刀补偿,调用子程序 |
| D03 M98 P10002; | 选 3 号刀补偿,调用子程序 |
| G00 Z50; | Z 向快速抬刀至 50 mm |
| G00 X0 Y0; | 快速回至(X0 , Y0)的位置 |
| Z5; | Z 向下刀至 5 mm |

| | |
|---|---|
| G01 Z – 4. 8 F100； | 直线插补,Z 向下刀至 – 4. 8 mm |
| D02 M98 P10003； | 选 2 号刀补偿,调用子程序 |
| G01 Z – 5 F100； | 直线插补,Z 向下刀至 – 5 mm |
| D03 M98 P10003； | 选 3 号刀补偿,调用子程序 |
| G00 Z50 M09； | 切削液关闭 |
| M05； | 主轴停止 |
| G91 G28 Z0； | 采用增量坐标方式,经过 Z = 0 回参考点 |
| G28 X0 Y0； | 回参考点 |
| M30； | 程序结束并返回 |

铣削外形子程序：

| | |
|---|---|
| O0002； | |
| G41 X – 40 Y – 55 F300； | 建立刀具左补偿 |
| G01 X – 40 Y35； | 直线插补,刀具移至( X – 40,Y35)的位置 |
| G02 X – 35 Y40 R5； | 顺时针圆弧插补,加工 R5 圆弧 |
| G01 X35； | 直线插补,刀具移至(X35,Y40)的位置 |
| G02 X40 Y35 R5； | 顺时针圆弧插补,加工 R5 圆弧 |
| G01 Y – 35； | 直线插补,刀具移至(X40,Y – 35)的位置 |
| G02 X35 Y – 40 R5； | 顺时针圆弧插补,加工 R5 圆弧 |
| G01 X – 35； | 直线插补,刀具移至(X35,Y – 40)的位置 |
| G02 X – 40 Y – 35 R5； | 顺时针圆弧插补,加工 R5 圆弧 |
| G01 X – 40 Y55； | 直线插补,刀具移至( X – 40,Y55)的位置 |
| G01 G40 X – 40 Y65； | 直线插补,刀具移至(X – 40,Y65)的位置,取消刀具半径补偿 |
| G01 Z5； | 直线插补,Z 向抬刀至 5 mm |
| G00 X – 40 Y – 65； | 点位快速移动,刀具移至( X – 40,Y – 65)的位置 |
| M99； | 返回主程序 |

铣削槽子程序：

| | |
|---|---|
| O0003； | |
| G01 G41 X19. 8 Y0 F300； | 建立刀具左补偿 |
| G03 X19. 8 I – 19. 8 J0； | 逆时针圆弧插补 |
| G40 G01 X0 Y0； | 取消刀具半径补偿 |
| G01 Z2； | 直线插补,Z 向抬刀至 2 mm |
| M99； | 返回主程序 |

# 任务3.3 平面型腔类零件加工程序编制

## 1. 任务分析

加工如图 3-26 所示的零件，毛坯为 $\phi$50 mm × 20 mm 的圆盘，上、下表面和圆柱面已加工好，材料为 45 钢，单件生产。

## 2. 相关知识

（1）型腔加工的形式　型腔是指有封闭边界轮廓的平底或曲底凹坑,当型腔底面是平

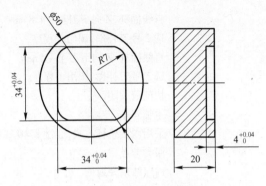

图 3-26　简单型腔零件

面时为二维型腔。型腔加工在有些资料中和有些 CAM 软件上也称为挖槽加工或者平面区域加工，是型芯加工的扩展，它既要保证型腔轮廓边界尺寸，又要将型腔轮廓内的多余材料铣掉，根据图样要求的不同，型腔加工通常有如图 3-27 所示的两种形式。其中图 3-27a 所示为铣掉一个封闭区域内的材料；图 3-27b 所示为在铣掉一个封闭区域内材料的同时，要留下中间的凸台（一般称为岛）。

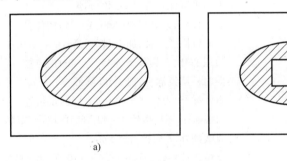

　　　　　a)　　　　　　　　　　　　　　　　　　　b)

图 3-27　型腔零件

　　（2）下刀方式的确定　　在平面轮廓零件的数控加工中，尽量使用在工件外下刀的方法，但是型腔类零件在加工时就必须考虑刀具的下刀方式。经常使用三种方法：第一种方法是使用预钻孔的方法，在下刀的位置预先加工一个下刀孔，刀具可以在这个孔位进行下刀到工作深度，然后进行切削加工；第二种方法是斜线下刀，刀具沿着空间斜线切入工件，到达工作深度后进行切削加工；第三种方法是圆弧下刀，刀具沿着三维螺旋线切入工件并切到工作深度。后两种方法省去了预钻孔的加工，节省了时间，提高了工作效率，但是编程难度提高，多用于计算机自动编程，如图 3-28 所示。

　　注意：

　　1）根据以上特征和要求，对于型腔零件的编程和加工要选择合适的刀具直径，刀具直径太小将影响加工效率，刀具直径太大可能使某些转角处难以切削，或由于岛的存在形成不必要的区域。

　　2）由于圆柱形立铣刀垂直切削时受力情况不好，因此要选择合适的刀具类型，一般可选择双刃的键槽铣刀，并注意下刀方式，可选择斜线下刀或螺旋线下刀，以改善下刀切削时刀具的受力情况。

　　3）当刀具在一个连续的轮廓上切削时使用一次刀具半径补偿，刀具在另一个连续的轮

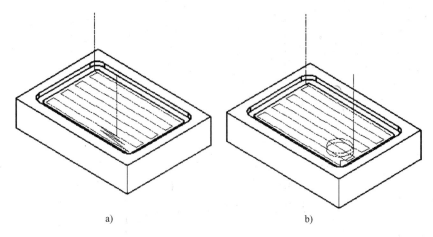

图 3-28 下刀方法

a) 斜线下刀　　b) 螺旋下刀

廓上切削时应重新使用一次刀具半径补偿，以避免过切或留下多余的凸台。

（3）一般型腔零件的加工　型腔类零件在模具、飞机零件加工中应用普遍，有人甚至认为 80% 以上的机械加工可归结为型腔加工。

型腔加工包括型腔区域的加工与轮廓加工，一般采用立铣刀或成型铣刀（取决于型腔侧壁与底面间的过渡要求）进行加工。

型腔的切削分两步，第一步切削内腔，第二步切削轮廓。切削内腔区域的方法很多，其共同点是都要切净内腔区域的全部面积，不留死角，不伤轮廓，同时尽量减少重复走刀的搭接量。

采用大直径刀具可以获得较高的加工效率，但对于形状复杂的二维型腔的切削，大直径刀具将产生大量的欠切削区域，需进行后续加工处理，若直接采用小直径刀具则又会降低加工效率。因此，一般采用大直径与小直径刀具混合使用的方案，大直径刀具进行粗加工，小直径刀具进行清角加工。

（4）常用编程指令

1）极坐标指令 G15、G16。

格式：G17/G18/G19　G90/G91　G16；　开始极坐标指令

　　　　G00 X__ Y__；

　　　　G15；　　　　　　　　　　　　　取消极坐标指令

说明：

① 坐标值可以用极坐标半径和角度输入，角度的正向是所选平面第一轴正向的逆时针转向，而负向是顺时针转向。

② 半径和角度两者可以用绝对值指令 G90 或增量值指令 G91。

③ G90 指定工件坐标系的原点作为极坐标系的原点，从该点测量半径；G91 指定当前位置作为极坐标系的原点，从该点测量半径。

④ G00 后第一轴是极坐标半径，第二轴是极角。

【例 3-6】如图 3-29 所示，用极坐标指令编程。程序如下：

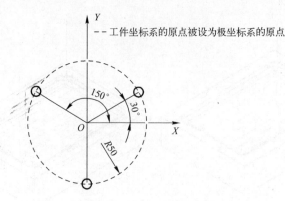

图 3-29　G15、G16 指令编程

a. 用绝对值指令指定角度和半径。

| N10 G17 G90 G16; | 指定极坐标指令和选择 OXY 平面,设定工件<br>坐标系的原点作为极坐标系的原点 |
|---|---|
| N20 G81 X100 Y30 Z – 20 R – 5 F200; | 指定 100 mm 的距离和 30° 的角度 |
| N30 Y150; | 指定 100 mm 的距离和 150° 的角度 |
| N40 Y270; | 指定 100 mm 的距离和 270° 的角度 |
| N50 G15 G80; | 取消极坐标指令 |

b. 用增量值指令指定角度,用绝对值指令指定极径。

| N10 G17 G90 G16; | 指定极坐标指令和选择 OXY 平面,设定工件<br>坐标系的原点作为极坐标的原点 |
|---|---|
| N20 G81 X100 Y30 Z – 20 R – 5 F200; | 指定 100 mm 的距离和 30° 的角度 |
| N30 G91 Y120; | 指定 100 mm 的距离和 +120° 的角度 |
| N40 Y120; | 指定 100 mm 的距离和 +120° 的角度 |
| N50 G15 G80; | 取消极坐标指令 |

2）尺寸单位选择指令 G20、G21。

格式：G20；　　　英制输入

　　　G21；　　　米制输入

说明：

① 该指令必须编在程序的开头,在设定坐标系之前,以单独程序段指定。

② 接通电源时默认为米制单位。

③ G20 和 G21 指令不能在中途切换。

3）主轴速度功能指令 G96、G97、G92。

格式：G96 S____；刀具和工件之间的相对速度维持恒定,S 为切削速度单位为 m/min

　　　G97 S____；取消恒切削速度,S 为主轴转速单位为 r/min

　　　G92 S____；S 为主轴最高速度单位为 r/min

**3. 任务实施**

（1）加工工艺的确定

1）分析零件图样。该零件要求加工矩形型腔,表面粗糙度 $Ra$ 值要求为 3.2 μm。

2）工艺分析。

① 加工方案的确定。根据零件的要求，型腔加工方案为：型腔去余量→型腔轮廓粗加工→型腔轮廓精加工。

② 确定装夹方案。选三爪卡盘夹紧，使零件伸出 5 mm 左右。

③ 确定加工工艺。加工工艺见表 3-6。

表 3-6 数控加工工序卡片

| 产品名称 | | | 零件名称 | 材 料 | 零件图号 | |
|---|---|---|---|---|---|---|
| | | | | 45 钢 | | |
| 工序号 | 程序编号 | 夹具名称 | 夹具编号 | 使用设备 | 车 间 | |
| | | 三爪卡盘 | | | | |
| 工步号 | 工步内容 | 刀具号 | 主轴转速 /(r/min) | 进给速度 /(mm/min) | 背吃刀量 /mm | 侧吃刀量 /mm | 备注 |
| 1 | 型腔去余量 | T01 | 400 | 100 | 4 | | |
| 2 | 型腔轮廓粗加工 | T01 | 400 | 120 | 4 | 0.7 | |
| 3 | 型腔轮廓精加工 | T01 | 600 | 60 | 4 | 0.3 | |

④ 进给路线的确定。

a. 型腔去余量走刀路线。型腔去余量走刀路线如图 3-30 所示。刀具在 1 点螺旋下刀（螺旋半径为 6 mm），再从 1 点至 2 点，采用行切法去余量。

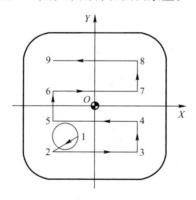

图 3-30　型腔去余量走刀路线

图 3-30 中各点的坐标见表 3-7。

表 3-7　型腔去余量加工基点坐标

| 点　号 | 坐　标 | 点　号 | 坐　标 |
|---|---|---|---|
| 1 | （-4，-7） | 6 | （-10，3） |
| 2 | （-10，-10） | 7 | （10，3） |
| 3 | （10，-10） | 8 | （10，10） |
| 4 | （10，-3） | 9 | （-10，10） |
| 5 | （-10，-3） | | |

b. 型腔轮廓加工走刀路线。型腔轮廓加工走刀路线如图 3-31 所示。刀具在 1 点下刀后,再从 1 点→2 点→…→12 点,采用环切法加工。

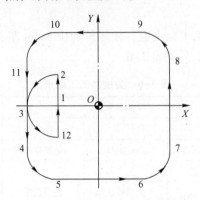

图 3-31　型腔轮廓加工走刀路线

图 3-31 中各点的坐标见表 3-8 所示。

表 3-8　型腔轮廓加工基点坐标

| 点　号 | 坐　标 | 点　号 | 坐　标 |
|---|---|---|---|
| 1 | (-10, 0) | 7 | (17, -10) |
| 2 | (-10, 7) | 8 | (17, 10) |
| 3 | (-17, 0) | 9 | (10, 17) |
| 4 | (-17, -10) | 10 | (-10, 17) |
| 5 | (-10, -17) | 11 | (-17, 10) |
| 6 | (10, -17) | 12 | (-10, -7) |

⑤ 刀具及切削参数的确定。刀具及切削参数见表 3-9。

表 3-9　数控加工刀具卡

| 工　序　号 | | | 程序编号 | 产品名称 | 零件名称 | 材　料 | 零件图号 |
|---|---|---|---|---|---|---|---|
| | | | | | | 45 | |

| 序号 | 刀具号 | 刀具名称 | 刀具规格/mm | | 补偿值/mm | | 刀补号 | | 备注 |
|---|---|---|---|---|---|---|---|---|---|
| | | | 直径 | 长度 | 半径 | 长度 | 半径 | 长度 | |
| 1 | T01 | 立铣刀（3 齿） | φ12 | 实测 | 6.3 | 实测 | D01 | | 高速钢 |
| | | | | | 6 | | D02 | | |

（2）参考程序编制

1）工件坐标系的建立。以上表面中心作为 G54 指令工件坐标系原点。

2）基点坐标计算（略）。

3）参考程序（型腔加工时采用键槽铣刀直接下刀）如下:

```
O8001;                              主程序名
N10 G54 G90 G17 G40 G80 G49 G21;    设置初始状态
N20 G00 Z50;                        安全高度
```

N30 G00 X－4 Y－7 S400 M03;　　　　　　起动主轴,快速进给至下刀位置
N40 G00 Z5 M08;　　　　　　　　　　　　接近工件,同时打开切削液
N50 G01 Z0 F60;　　　　　　　　　　　　接近工件
N60 G03 X－4 Y－7 Z－1 I－3 J0;
N70 G03 X－4 Y－7 Z－2 I－3 J0;
N80 G03 X－4 Y－7 Z－3 I－3 J0;　　　　螺旋下刀
N90 G03·X－4 Y－7 Z－4 I－3 J0;
N100 G03 X－4 Y－7 Z－4 I－3 J0;　　　　修光底部
N110 G01 X－10 Y－10 F100;　　　　　　1→2(图 3-30)
N120 X10;　　　　　　　　　　　　　　2→3
N130 Y－3;　　　　　　　　　　　　　　3→4
N140 X－10;　　　　　　　　　　　　　4→5
N150 Y3;　　　　　　　　　　　　　　 5→6
N160 X10;　　　　　　　　　　　　　　6→7
N170 Y10;　　　　　　　　　　　　　　7→8
N180 X－10;　　　　　　　　　　　　　8→9
N190 G01 X－10 Y0;　　　　　　　　　　进给至型腔轮廓加工起点
N200 M98 P8002 D01 F120;　　　　　　调子程序 O8002,粗加工型腔轮廓,D01＝6.3 mm
N210 M98 P8002 D02 F60 S600;　　　　调子程序 O8002,精加工型腔轮廓,D02＝6 mm
N220 G00 Z50 M09;　　　　　　　　　　Z 向抬刀至安全高度,并关闭切削液
N230 M05;　　　　　　　　　　　　　　主轴停止
N240 M30;　　　　　　　　　　　　　　主程序结束
子程序:
O8002;　　　　　　　　　　　　　　　　子程序名
N10 G41 G01 X－10 Y7;　　　　　　　　1→2,建立刀具半径补偿(图 3-31)
N20 G03 X－17 Y0 R7;　　　　　　　　2→3
N30 G01 Y－10;　　　　　　　　　　　3→4
N40 G03 X－10 Y－17 R7;　　　　　　 4→5
N50 G01 X10;　　　　　　　　　　　　5→6
N60 G03 X17 Y－10 R7;　　　　　　　 6→7
N70 G01 X17 Y10;　　　　　　　　　　7→8
N80 G03 X10 Y17 R7;　　　　　　　　 8→9
N90 G01 X－10;　　　　　　　　　　　9→10
N100 G03 X－17 Y10 R7;　　　　　　　10→11
N110 G01 Y0;　　　　　　　　　　　　11→3
N120 G03 X－10 Y－7 R7;　　　　　　 3→12
N120 G40 G00 X－10 Y0;　　　　　　　12→1,取消刀具半径补偿
N130 M99;　　　　　　　　　　　　　　子程序结束

# 任务 3.4　键槽零件加工程序编制

## 1. 任务分析

通过计算刀具的中心轨迹,完成如图 3-32 所示零件的键槽加工。

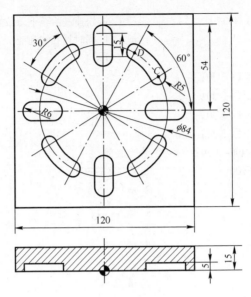

图 3-32　铣削键槽零件图

简单直线、圆弧、沟槽在铣削加工时，不需要进行刀具半径补偿加工，直接计算刀具中心轨迹，要求铣削的键槽大小和刀具直径大小一致。直线键槽加工采用 G01 指令，圆弧键槽加工采用 G02 或 G03 指令。

**2. 相关知识**

（1）子程序

1）子程序的应用。

① 零件上有若干处具有相同的轮廓形状。在这种情况下，只编写一个轮廓形状的子程序，然后用一个主程序来调用该子程序。

② 加工中反复出现具有相同轨迹的走刀路线。被加工的零件从外形上看并无相同的轮廓，但需要刀具在某一区域分层或分行反复走刀，走刀路线总是出现某一特定的形状，因此采用子程序就比较方便，此时通常要以增量方式编程。

③ 程序中的内容具有相对的独立性。加工中心编写的程序往往包含许多独立的工序，有时工序之间的调整也是允许的。为了优化加工顺序，把每一个独立的工序编成一个子程序，而主程序中只有换刀和调用子程序等指令，这是加工中心编程的一个特点。

④ 可满足某种特殊的需要。

2）子程序格式。

O ××××；　　　　　　　子程序号

N010 ＿ ＿ ＿ ＿ ＿；

N020 ＿ ＿ ＿ ＿ ＿；

……

N200 ＿ ＿ ＿ ＿ ＿；

N210 M99；　　　　　　　子程序结束

说明：

① 在子程序的开头、O 字母之后规定子程序号，子程序号由 4 位数字组成，最前面的 0

可以省略。

② M99 为子程序结束指令，M99 不一定要单独使用一个程序段，如下所示也是允许的：

G00 X__ Y__ M99；

3）子程序的调用。

格式：M98 P ∗∗ ××××；

说明：

① M98 是调用子程序指令，∗∗ 为子程序的调用次数，系统允许调用的次数为 999 次；×××× 为子程序的号。如"M98 P51000；"表示调用子程序 O1000 5 次。

② 当主程序调用子程序时，被认为是一重子程序，本系统允许子程序调用可以嵌套四重。

③ 当子程序结束时，若用 P 指定一个顺序号，则控制不返回到调用程序段之后的程序段，而返回到由 P 指定顺序号的程序段。但是，如果主程序运行于存储器方式以外的方式时，P 则被忽略。这个方法程序返回到主程序的时间比正常返回要长。

如 M99 Pn；表示子程序在返回时将返回到主程序中顺序号为 n 的那个程序段。

④ 若在主程序中执行 M99 指令，则控制返回到主程序的开头，然后从主程序的开头重复执行。

下面举例说明子程序调用编程方法。

【例 3-7】如图 3-33 所示，用 $\phi$8 mm 的键槽铣刀加工，使用刀具半径补偿，每次 Z 轴下刀 2.5 mm，试采用子程序编写程序。

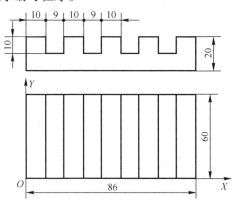

图 3-33　长槽加工

程序如下：

| O100； | 主程序 |
| --- | --- |
| N010 G92 X0 Y0 Z20； | 建立工件坐标系 |
| N020 M03 S800； | 主轴正转，转速为 800 r/min |
| N030 G90 X - 4. 5 Y - 10 M08； | 快速进给至(X - 4. 5,Y - 10)的位置 |
| N040 Z0； | Z 轴快移至 Z = 0 的位置 |
| N050 M98 P41100； | 调用子程序 |
| N060 G90 G00 Z20 M05； | Z 轴快移至 Z = 20 mm 的位置,主轴停 |
| N070 X0 Y0 M09； | 快速进给至(X0,Y0)的位置,切削液关闭 |
| N080 M30； | 主程序结束 |

O1100;（子程序）

N010 G91 G00 Z－2.5;              相对坐标方式,Z轴快移－2.5 mm 的距离

N020 M98 P41200;              调用子程序

N030 G00 X－76 M99;          子程序结束并返回主程序

O1200;（子程序）

N010 G91 G00 X19;             相对坐标方式,位快速进给 X＝19 mm 的位置

N020 G41 X4.5 Y0 D01;         刀具半径左补偿

N030 G01 X0 Y80 F100;         相对坐标方式,直线插补(X0,Y80)

N040 X－9 Y0;               相对坐标方式,直线插补(X－9,Y0)

N050 X0 Y－80;              相对坐标方式,直线插补(X0,Y－80)

N060 G40 G00 X4.5 M99;        子程序结束并返回主程序

【例3-8】用直径为5 mm 的立铣刀，加工如图 3-34 所示的零件，其中方槽的深度为 5 mm，圆槽的深度为4 mm，外轮廓厚度为 10 mm。

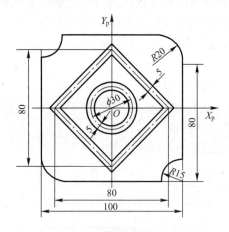

图 3-34　方槽和圆槽加工零件

① 工艺分析。该零件的工艺过程由三个独立的工序组成，为了便于程序的检查、修改和工序的优化，把各工序的加工轨迹编写成子程序，主程序按工艺过程分别调用各子程序，设零件上表面的对称中心为工件坐标系的原点。

② 参考程序。

O1100;                   程序号

N010 G90 G92 X0 Y0 Z20;     使用绝对坐标方式编程,建立工件坐标系

N020 G00 X40 Y0 Z2 S800 M03;  快速进给至 X＝40 mm，Y＝0，主轴正转，转速为 800 r/min

N030 M98 P1010;            调用子程序 O1010

N040 G00 Z2;                Z轴快移至 Z＝2 mm

N050 X15 Y0;                快速进给至 X＝15 mm，Y＝0

N060 M98 P1020;            调用子程序 O1020

N070 G00 Z2;                Z轴快移至 Z＝2 mm

N080 X60 Y－60;            快速进给至 X＝60 mm，Y＝－60 mm

N090 M98 P1030;            调用子程序 O1030

N100 G00 Z20;              Z轴快移至 Z＝20 mm

| N110 X0 Y0 M05； | 快速进给至 X = 0,Y = 0,主轴停止 |
| N120 M30； | 主程序结束 |
| O1010； | 子程序号 |
| N010 G01 Z－5 F100； | Z 轴工进至 Z = －5 mm,进给速度为 100 mm/min |
| N020 X0 Y－40； | 直线插补至 X = 0,Y = －40 mm |
| N030 X－40 Y0； | 直线插补至 X = －40 mm,Y = 0 |
| N040 X0 Y40； | 直线插补至 X = 0,Y = 40 mm |
| N050 X40 Y0； | 直线插补至 X = 40 mm,Y = 0 |
| M99； | 子程序结束并返回主程序 |
| O1020； | 子程序号 |
| N010 G01 Z－4 F150； | Z 轴工进至 Z = －4 mm,进给速度为 150 mm/min |
| N020 G02 X15 Y0 I－15 J0； | 顺圆插补至 X = 15 mm,Y = 0 |
| N030 M99； | 子程序结束并返回主程序 |
| O1030； | 子程序号 |
| N010 G00 Z－10； | Z 轴快移至 Z = －10 mm |
| N020 G41 G01 X40 Y－50 F80 D05； | 直线插补至 X = 40 mm,Y = －50 mm,刀具半径左补偿 D05 = 2. 5 mm |
| N030 X－30； | 直线插补至 X = －30 mm |
| N040 G02 X－50 Y－30 R20； | 顺圆插补至 X = －50 mm,Y = －30 mm |
| N050 G01 Y35； | 直线插补至 Y = 35 mm |
| N060 G03 X－35 Y50 R15； | 逆圆插补至 X = －35 mm,Y = 50 mm |
| N070 G01 X30； | 直线插补至 X = 30 mm |
| N080 G02 X50 Y30 R20； | 顺圆插补至 X = 50 mm,Y = 30 mm |
| N090 G01 Y－35； | 直线插补至 Y = －35 mm |
| N100 G03 X35 Y－50 R15； | 逆圆插补至 X = 35 mm,Y = －50 mm |
| N110 G40 G01 X35 Y－60； | 直线插补至 X = 35 mm,Y = －60 mm,取消刀具半径补偿 |
| N120 G01 X60 Y－60； | 回起点 |
| N130 M99； | 子程序结束并返回主程序 |

**3. 任务实施**

（1）工艺分析 该零件是加工平面上的键槽，所以不需要进行刀具补偿，直接计算刀具中心轨迹后进行加工。由于键槽是对称分布的，因此工件坐标系原点建立在零件上表面的正中心，加工工艺路线如图 3-35 所示。

a)　　　　　　　　　b)　　　　　　　　　c)　　　　　　　　　d)

图 3-35　加工工艺路线

（2）加工顺序

1）加工第一条直槽（图 3-35a）。

2）加工其余直槽（图 3-35b）。

3）加工第一条圆槽（图 3-35c）。

4）加工其余圆弧槽（图 3-35d）。

（3）工件及装夹　采用机用平口虎钳装夹的方法，底部用垫块垫起，用百分表调整工件水平。

（4）刀具选择　由于直线键槽宽度为 12 mm，所以选择 $\phi$12 mm 的键槽铣刀；圆弧键槽宽度为 10 mm，所以选择 $\phi$10 mm 的键槽铣刀，见表 3-10。

表 3-10　数控加工刀具卡

| 产品名称 | | ×× | 零件名称 | | 凹槽板 | 零件图号 | | ×× |
|---|---|---|---|---|---|---|---|---|
| 序号 | 刀具号 | 刀具规格名称 | 数量 | 加工表面 | 刀尖半径 $R$/mm | | 刀尖方位 T | 备注 |
| 1 | T01 | $\phi$12 mm 键槽铣刀 | 1 | 直线槽 | $\phi$12 | | | |
| 2 | T02 | $\phi$10 mm 键槽铣刀 | 1 | 圆弧槽 | $\phi$12 | | | |
| 编制 | ×× | 审核 | ×× | 批准 | ×× | | 共　页 | 第　页 |

（5）加工工艺卡　任务中零件加工工步及切削用量见表 3-11。

表 3-11　数控加工工艺卡

| 单位名称 | | 产品名称或代号 | | 零件名称 | | 零件图号 | |
|---|---|---|---|---|---|---|---|
| ×× | | ×× | | 凹槽板 | | ×× | |
| 工序号 | 程序编号 | 夹具名称 | | 使用设备 | | 车间 | |
| 001 | ×× | 机用虎钳 | | 数控铣床 | | ×× | |
| 工步号 | 工步内容 | 刀具号 | 刀具规格 /mm | 主轴转速 $n$/(r/min) | 进给速度 $f$/(mm/r) | 背吃刀量 $a_p$/mm | 备注 |
| 1 | 铣 +X 轴上直线槽 | T01 | $\phi$12 键槽铣刀 | 1000 | 150 | 5 | 自动 |
| 2 | 铣 -X 轴上直线槽 | T01 | $\phi$12 键槽铣刀 | 1000 | 150 | 5 | 自动 |
| 3 | 铣 +Z 轴上直线槽 | T01 | $\phi$12 键槽铣刀 | 1000 | 150 | 5 | 自动 |
| 4 | 铣 -Z 轴上直线槽 | T01 | $\phi$12 键槽铣刀 | 1000 | 150 | 5 | 自动 |
| 5 | 铣第一象限圆弧槽 | T02 | $\phi$10 键槽铣刀 | 1000 | 150 | 5 | 自动 |
| 6 | 铣第四象限圆弧槽 | T02 | $\phi$10 键槽铣刀 | 1000 | 150 | 5 | 自动 |
| 7 | 铣第二象限圆弧槽 | T02 | $\phi$10 键槽铣刀 | 1000 | 150 | 5 | 自动 |
| 8 | 铣第二象限圆弧槽 | T02 | $\phi$10 键槽铣刀 | 1000 | 150 | 5 | 自动 |
| 编制 | ×× | 审核 | ×× | 批准 | ×× | 年　月　日 | 共　页　第　页 |

（6）程序编制　凹槽板数控加工程序如下：

O1030；

N010　G94 G90 G21；

N020　T0101；

N030　S1000 M03；

N040　G54 G00 X48 Y0 Z100；

N050　M08；

N060　G00 Z5；

N070　G01 Z-5 F50；

N080　G01 X33 F150；

N090    G01 Z5 F50;
N100    G00 X – 33;
N110    G01 Z – 5;
N120    G01 X – 48 F150;
N130    G01 Z5 F50;
N140    G00 X0 Y48;
N150    G01 Z – 5;
N160    G01 Y33 F150;
N170    G01 Z5 F50;
N180    G00 Y – 33;
N190    G01 Z – 5;
N200    G01 Y – 48 F150;
N210    G01 Z5 F50;
N220    G00 Z200;
N230    M05;
N240    M00;
N250    T0202;
N260    S1000 M03;
N270    G00 X21 Y36. 373
N280    G00 Z5;
N290    G01 Z – 5 F50;
N300    G02 X36. 373 Y21 R42 F150;
N310    G01 Z5 F50;
N320    G00 X36. 373 Y – 21
N330    G00 Z5;
N340    G01 Z – 5;
N350    G02 X21 Y – 36. 373 R42 F150;
N360    G01 Z5 F50;
N370    G00 X – 21 Y – 36. 373
N380    G00 Z5;
N390    G01 Z – 5;
N400    G02 X – 36. 373 Y – 21 R42 F150;
N410    G01 Z5 F50;
N420    G00 X – 36. 373 Y21
N430    G00 Z5;
N440    G01 Z – 5;
N450    G02 X – 21 Y36. 373 R42 F150;
N460    G01 Z5 F50;
N470    G00 Z200;
N480    G00 X150 Y150;
N490    M05;
N500    M09;
N510    M30;

## 任务 3.5　铣削加工中宏程序的应用

### 1. 任务分析

如图 3-36 所示，编制加工椭圆外轮廓的宏程序。毛坯尺寸为 $\phi110\,\mathrm{mm} \times 40\,\mathrm{mm}$，材料为 45 钢。已知椭圆的长半轴为 50 mm，短半轴为 40 mm，轮廓高度为 20 mm。

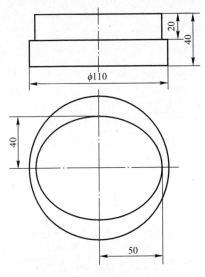

图 3-36　椭圆台零件图

### 2. 相关知识

（1）宏程序简介　详见任务 2.9，应用举例如下：

【例 3-9】用 WHILE 语句编程，求 1~10 的和，程序如下：

O9501；

#1 = 0；

#2 = 1；

WHILE［#2 LE 10］DO1；

#1 = #1 + #2；

#2 = #2 + 1；

END1；

M30；

【例 3-10】用 IF 语句编程，求 1~10 的和，程序如下：

O9500；

#1 = 0；　　　　　　　　　和

#2 = 1；　　　　　　　　　加数

N1 IF［#2 GT 10］GOTO 2；　　相加条件

#1 = #1 + #2；　　　　　　相加

#2 = #2 + 1；　　　　　　下一加数

GOTO1；　　　　　　　　　　　返回1

N2 M30；　　　　　　　　　　结束

【例3-11】调用宏程序，程序如下：

O0001；

…

G65 P9010 L2 A1. 0 B2. 0；

…

M30；

O9010；

#3 = #1 + #2；

IF［#3 GT 360］GOTO 9；

G00 G91 X#3；

N9 M99；

（2）椭圆

1）椭圆曲线方程

$$\frac{x^2}{a^2} + \frac{y^2}{b^2} = 1$$

式中　　$a$——长半轴；

　　　　$b$——短半轴。

2）参数方程形式

$$x = a\cos\alpha$$

$$y = b\sin\alpha$$

**3. 任务实施**

（1）零件图分析（略）

（2）工艺分析

1）程序原点及工艺路线。采用三爪自定心夹盘装夹；工件坐标系原点设定在工件上表面的中心处。

2）变量设定。

| | |
|---|---|
| #1 =（A） | ＊椭圆长半轴长 |
| #2 =（B） | ＊椭圆短半轴长 |
| #3 =（C） | ＊椭圆轮廓的高度 |
| #4 =（I） | ＊四分之一圆弧切入的半径 |
| #7 =（D） | ＊平底立铣刀半径 |
| #9 =（F） | ＊进给速度 |
| #11 =（H） | ＊Z方向自变量赋初值 |
| #17 =（Q） | ＊自变量每层递增量 |

3）刀具选择。$\phi$20 mm 平底立铣刀。

（3）参考程序

主程序：

O0511；

G28 G91 Z0；

G17 G40 G49 G80；

S1200 M03；

G54 G90 G00 X0 Y0；

G43 Z30 H01；

G65 P1511 A50 B40 C20 I20 D10 H0 Q2 F300；

M05；

M30；

子程序：

| 程序 | 说明 |
|---|---|
| O1511； | |
| G00 X0 Y - [#2 + #4]； | 定位到起刀点上方 |
| WHILE[#11GT - #3] DO1； | 当#11 > - #3 时,循环 1 继续 |
| #11 = #11 - #17； | 铣刀 Z 方向的坐标值 |
| Z#11； | Z 向快速进刀到#11 处 |
| G01 G41 X#4 D01 F#9； | 加入刀具半径左补偿 |
| G03 X0 Y - #2 R#4 F#9； | 圆弧切入到椭圆起点 |
| #12 = - 90； | 椭圆角度自变量赋初值 |
| WHILE[#12GT - 450] DO2； | 当#12 > - 450 时,循环 2 继续 |
| #12 = #12 - 0.5； | 角度#12 减去 0.5° |
| #21 = #1 * COS[#12]； | 角度#12 时的椭圆 X 方向坐标值 |
| #22 = #2 * SIN[#12]； | 角度#12 时的椭圆 Y 方向坐标值 |
| G01 X#21 Y#22； | 椭圆加工 |
| END2； | 循环 2 结束 |
| G03 X - #4 Y - [#2 + #4] R#4； | 圆弧切出 |
| G00 G40 X0； | 取消刀具半径补偿 |
| END1； | 循环 1 结束 |
| G00 Z30； | 刀具返回初始平面 |
| M99； | 程序结束返回 |

## 任务3.6 四方内型腔零件铣削加工程序编制

**1. 任务分析**

对于简单的曲面可用手工编程完成，而对于复杂的曲面可借助 CAD/CAM 软件来完成造型和自动编程，如图 3-37 所示。

本任务以一个简单四方内型腔零件的加工为例，详细地叙述了刀具轨迹的生成和加工代码输出的过程，使读者了解自动编程软件的特点和方法。

**2. 相关知识**

图形交互编程是以计算机绘图为基础的自动编程方法，需要 CAD/CAM 软件的支持。这种编程方法的特点是以工件图形为输入方式，并采用人机对话的方式，而不需要使用数控语

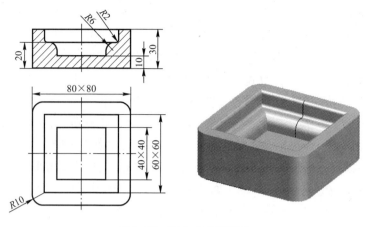

图 3-37　四方内型腔零件

言编制源程序。从加工工件的图形再现、进给轨迹的生成、加工过程的动态模拟，直到生成数控加工程序，都是通过屏幕菜单驱动。具有形象直观、高效及容易掌握等优点。

为适应复杂形状零件的加工、多轴加工、高速加工，一般采用计算机辅助编程，其步骤如下：

（1）零件的几何建模　对于基于图样以及型面特征点测量数据的复杂零件的数控编程，其首要环节是建立被加工零件的几何模型。

（2）加工方案与加工参数的合理选择　数控加工的效率与质量有赖于加工方案与加工参数的合理选择，其中刀具、刀轴的控制方式，走刀路线进给速度的优化是满足加工要求、机床正常运行和刀具寿命的前提。

（3）刀具轨迹的生成　刀具轨迹的生成是复杂形状零件数控加工中最重要的内容，能否生成有效的刀具轨迹直接决定了加工的可能性、质量与效率。刀具轨迹生成的首要目标是使所生成的刀具轨迹能满足无干涉、无碰撞、轨迹光滑、切削负荷满足要求、代码质量高等要求。同时，刀具轨迹生成还应符合可用性好、稳定性好、编程效率高、代码量小等条件。

（4）数控加工仿真　由于零件形状的复杂多变以及加工环境的复杂性，要确保所生成的加工程序不存在任何问题十分困难，其中最主要的是加工过程中过切与欠切、机床各部件之间的干涉碰撞等问题。对于高速加工，这些问题常常是致命的。因此，在实际加工前采取一定的措施对加工程序进行检验并修正是十分必要的。数控加工仿真通过软件模拟加工环境、刀具路径与材料切除过程来检验并优化加工程序，具有柔性好、成本低、效率高且安全可靠等特点，是提高编程效率与质量的重要措施。

（5）后置处理　后置处理是数控加工编程技术的一个重要内容，它将通用前置处理生成的刀位数据转换成适合于具体机床数据的数控加工程序，其技术内容包括机床运动学建模与求解、机床结构误差补偿、机床运动的非线性误差校核修正、机床运动的平稳性校核修正、进给速度校核修正及代码转折换等。因此后置处理对于保证加工质量、效率与机床可靠性运行具有重要作用。

采用 CAD/CAM 技术已成为整个制造行业当前和将来技术发展的重点。CAD/CAM 技术可大大缩短产品的制造周期，显著地提高产品质量，产生巨大的经济效益。一个完全集成的 CAD/CAM 软件，能辅助工程师完成从概念设计到功能工程分析再到制造的整个产品开发过程。

### 3. 任务实施

（1）实体造型

【步骤1】双击桌面上 CAXA 制造工程师 2013 软件的快捷方式图标，进入设计界面。默认当前坐标平面为 OXY 平面，且在非草图状态下。

【步骤2】在【特征树】上拾取"平面 XY"。

【步骤3】按"F2"键→按"F5"键→单击"矩形"图标□→选择"中心_长_宽"命令→输入"长度"80→回车→输入"宽度"80→拾取坐标中心→单击"圆弧过渡"图标⬜→选择"圆弧过渡"→输入"半径"10→分别拾取矩形两条裁剪曲线→右击结束→按"F2"键退出草图，在"特征树"上生成"草图0"，结果如图3-38所示。

【步骤4】按"F8"键→单击"拉伸增料"图标⬜→选择"单向拉伸"命令→输入"深度"30。

【步骤5】在"特征树"上拾取"草图0"→单击"确定"按钮，结果如图3-39所示。

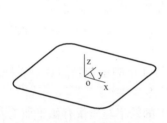

图3-38 草图

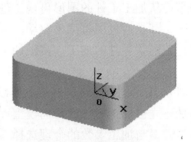

图3-39 零件造型

【步骤6】拾取正方体的上表面作为基准面。

【步骤7】按"F2"键→按"F5"键→绘制一个长为 40 mm、宽为 40 mm 的矩形→按"F2"键，在"特征树"上生成"草图1"。

【步骤8】按"F8"键→单击"拉伸除料"图标⬜→选择"固定深度"命令→选择"反向拉伸"命令→输入"深度"20。

【步骤9】在"特征树"上拾取"草图1"→单击"确定"按钮，结果如图3-40所示。

【步骤10】同样通过拉伸除料生成长为 60 mm、宽为 60 mm、深为 10 mm 的长方体。

【步骤11】按"F8"键→单击"过渡"图标⬜→输入"半径"6→选择"等半径"命令→选择"缺省方式"命令→选择"沿相切面延伸"命令。

【步骤12】拾取 40 mm×40 mm×10 mm 长方体的 4 条棱边→单击"确定"按钮，结果如图3-41所示。

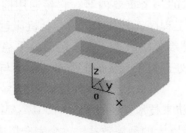

图3-40 零件内腔造型

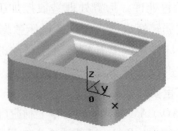

图3-41 零件内腔过渡造型

【步骤 13】同样方法过渡 60 mm × 60 mm × 10 mm 长方体的 4 条棱边。

【步骤 14】单击"相关线"图标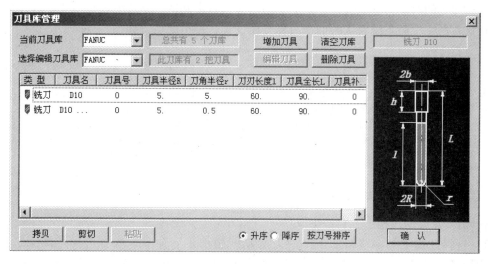→选择"实体边界"命令。

【步骤 15】拾取 40 mm × 40 mm × 10 mm 长方体底部的 4 条棱边→右击结束，结果如图 3-41 所示。

（2）工艺分析　零件材料为淬硬钢，使用常规加工，由于零件在淬火后，加工余量一般比较小，所以应一次切除，以提高加工效率。由于在毛坯定义后没有依照零件形状定义，而是定义出一个长方体。但实际上淬火钢工件为加工留下的余量已经不多，因此可以用等高线粗加工先加工一次凹模底面，具体参数设置可以都使用默认值，但是提示将"加工参数1"中"加工余量"设定为 1 mm，且将加工后的工件作为初始毛坯。然后生成导动线精加工轨迹，加工除底面外的凹模轮廓。

（3）加工轨迹生成

【步骤 1】设定加工刀具，操作步骤如下：

1）在"特征树"加工管理区内选择"刀具库"命令，弹出"刀具库管理"对话框，如图 3-42 所示。

图 3-42　刀具库管理

2）增加铣刀。单击"增加刀具"按钮，在对话框中输入铣刀名称"D10，r5"，增加一把球头铣刀；再继续增加一把端铣刀，铣刀名称定为"D10，r0.5"。

3）设定增加的铣刀的参数。在"刀具库管理"对话框中输入正确的数值，其中"刀刃长度"和"刀杆长度"与仿真有关而与实际加工无关，刀具定义即可完成。其他定义需要根据实际加工刀具来完成。

【步骤 2】后置设置，操作步骤如下：

1）选择"加工"→"后置处理"→"后置设置"命令，或者选择"特征树"加工管理区内的"机床后置"，弹出"机床后置"对话框。

2）机床设置。在"机床信息"选项卡中，选择当前机床类型为"FANUC"。

3）后置设置。打开"后置设置"选项卡，根据当前的机床，设置各参数。

【步骤 3】设定加工毛坯，操作步骤如下：

1）选择"加工"→"定义毛坯"命令，或者选择"特征树"加工管理区内的"毛坯"，弹出"定义毛坯"对话框。

2）在"毛坯定义"中选择"参照模型"方式，按系统给出的尺寸定义。

3）绘制如图 3-43 所示的截面线和导动线。

【步骤 4】等高线加工刀具轨迹生成，操作步骤如下：

1）选择"加工"→"粗加工"→"等高线粗加工"命令，或者单击"加工工具条"中的图标🥂，或者在"特征树"加工管理区的空白处右击，并在弹出的快捷菜单中选择"加工"→"粗加工"→"等高线粗加工"命令，然后会弹出"等高线粗加工"对话框。

2）刀具选择。打开"刀具参数"选项卡，选择"D10，r0.5"的端铣刀，设定铣刀的参数。

3）设置切削用量。设置"加工参数 1"中的铣削方式为"顺铣"；设置"Z 切入"中"层高"为 5，直接加工底面；设置"XY 切入"中的"行距"为 5（该项为径向切深），"加工余量"为 0。在"切削用量"选项卡中设置"主轴转速"为 1000，"切削速度"为 50。

4）其他设置参照具体加工要求来设定。设定完成后单击"确定"按钮，系统提示要求选择需要加工的对象，手动选择需要加工的曲面，右击确认；系统继续提示要求选择加工边界，直接右击，按照系统默认的加工边界开始计算，得出的轨迹如图 3-44 所示。

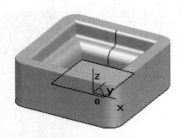
图 3-43　截面线和导动线

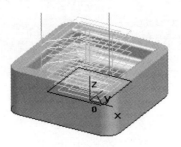
图 3-44　等高线加工轨迹

【步骤 5】导动线精加工轨迹生成。

1）选择"加工"→"精加工"→"导动线精加工"命令，或者选择"加工工具条"中的图标🥂，或者在"特征树"加工管理区的空白处右击，并在弹出的快捷菜单中选择"加工"→"精加工"→"导动线精加工"命令，然后会弹出"导动线精加工"对话框。

2）刀具选择。打开"刀具参数"选项卡，选择"D10，r5"的球头铣刀，设定铣刀的参数。

3）加工边界的设定。打开"加工边界"选项卡，在"使用有效的 Z 范围"中设定"最大"为 0，"最小"为 30。由于前面加工余量设置为 1 mm，因此该零件底部留出了 1 mm的加工余量。

4）切削用量设置。设置"加工参数"中的"加工方法"为"单向"，选择刀具直径为10 mm 的球刀，选择"Z 切入"中"层高"为 0.3（该项为轴向切深）；选择"XY 切入"中"行距"为 0.5（该项为径向切深），"刀次"为 2，"加工余量"为 0，"截面认识方法"可以设置为"下方向（左）"。在"切削用量"选项卡中设置"主轴转速"为 6000，"切削速度"为 900。

5）其他设置参照具体加工要求来设定。设定完成后单击"确定"按钮，系统提示要求拾取轮廓和加工方向，拾取如图3-43所示的截面线和导动线，单击确认，然后系统开始计算，得出的轨迹如图3-45所示。

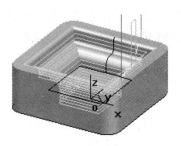

6）拾取加工刀具轨迹，单击选择"隐藏"命令，将加工轨迹隐藏，以便观察如图3-43～图3-45所示的加工轨迹。

（4）加工仿真

图3-45　导动线精加工轨迹

【步骤1】单击"特征树"加工管理栏内的"刀具轨迹"，选择"全部显示"选项，如图3-44、图3-45所示，显示已经生成的加工轨迹。

【步骤2】选择"加工"→"轨迹仿真"命令，拾取两段加工的刀具轨迹，单击结束。

【步骤3】系统进入仿真界面，开始自动进行加工仿真。仿真结果为等高线加工轨迹仿真，如图3-46所示；图3-47所示为导动线精加工轨迹仿真。

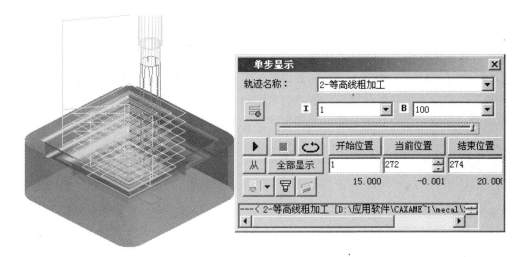

图3-46　等高线加工轨迹仿真

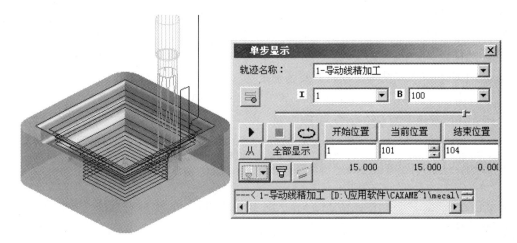

图3-47　导动线精加工轨迹仿真

（5）后置处理生成加工程序　仿真检验无误后，退出仿真程序回到 CAXA 制造工程师 2013 的主界面。单击"文件"按钮→选择"保存"，保存加工轨迹。

1）选择"加工"→"后置处理"→"生成 G 代码"命令，弹出"选择后置文件"对话框，填写加工代码文件名为四方内型腔零件粗加工，单击"保存"按钮。

2）拾取生成的粗加工刀具轨迹，右击确认，将弹出的粗加工代码文件保存即可。

3）用同样的方法生成四方内型腔零件精加工 G 代码。

（6）传入机床实际加工　至此，该四方内型腔零件的造型、生成加工轨迹、加工轨迹仿真检验及生成 G 代码程序的工作已经全部做完，可以把 G 代码程序通过工厂的局域网送到车间。把工件打表找正，按加工工艺单的要求找到工件零点，再按工序单中的要求装好刀具并找到刀具的 $Z$ 轴零点，就可以开始加工了。

# 项目小结

数控铣床主要能铣削平面、沟槽和曲面。应用子程序编写加工过程，构成模块式程序结构，便于程序的调试与加工工序的优化。使用两轴半联动的数控铣床，能铣削加工简单的平面和曲面；使用三轴或三轴以上联动的数控铣床，则能加工复杂的型腔和凸台。数控系统的刀具半径补偿功能，可避免计算复杂的刀心轨迹而直接按工件轮廓编程；应用刀具半径补偿的工作原理，还能补偿刀具的磨损量及加工误差，从而提高工件的加工精度。

# 课后练习

### 一、填空题

1. 数控铣床适宜按刀具划分工序_____法安排加工工序，以减少换刀次数。

2. 立式铣床通常进行插补的平面是_____。

3. 铣削加工的 $Z$ 轴通常需要进行刀具_____补偿。

4. 加工中心的 T 功能只能用于_____刀具，若要换刀则需用_____指令。

5. 若加工型腔要素，则需要刀具在 $Z$ 方向进行切削进给，应选择的刀具是_____。

### 二、选择题

1. 加工中心与数控铣床编程的主要区别是（　　）。

    A. 指令格式　　　　B. 换刀程序　　　　C. 宏程序　　　　D. 指令功能

2. FANUC 系统中的 G80 指令用于（　　）。

    A. 镗孔循环　　　　B. 反镗孔循环　　　　C. 攻丝循环　　　　D. 取消固定循环

3. 用球头铣刀加工曲面时，其球头半径应（　　）加工曲面的最小曲率半径。

    A. 小于　　　　　　B. 大于　　　　　　C. 等于　　　　　　D. 大于等于

4. 在（50，50）坐标点，钻 $\phi12\,mm$、深 10 mm 的孔，Z 坐标零点位于零件的上表面，正确的程序段为（　　）。

    A. G85 X50.0 Y50.0 Z–10.0 R6 F60;　　　　B. G81 X50.0 Y50.0 Z–10.0 R6 F60;

    C. G81 X50.0 Y50.0 Z–10.0 R3.0 F60;　　　　D. G83 X50.0 Y50.0 Z–10.0 R3.0 F60;

### 三、编程题

1. 如图 3-48 所示，在 *OXY* 平面内使用半径补偿功能进行轮廓切削，设起始点在 X0、Y0，高度为 100 mm，切削深度为 10 mm，Z 轴的进给速度为 F100，X、Y 轴的进给速度为 F200，程序如下：

O0001；
N1 G90 G54 G17 G00 X0. 0 Y0. 0 S1000 M03；
N2 Z100；
N3 G41 X20. 0 Y10. 0 D01；
N4 Z2；
N5 G01 X - 10. 0 F100；
N6 Y50. 0 F200；
N7 X50. 0；
N8 Y20. 0；
N9 X10. 0；
N10 G00 Z100. 0；
N10 G00 Z100. 0；
N11 G40 X0. 0 Y0. 0 M05；
N12 M30

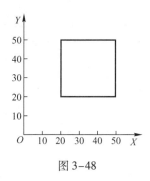

图 3-48

（1）程序能否加工出图示轮廓？

（2）会出现什么情况？分析原因。

（3）写出正确的程序。

2. 加工如图 3-49 所示的零件，仔细阅读图样，完成下列内容。

（1）进行加工工艺分析，包括选择刀具、装夹与定位方法，切削参数，走刀路径等，编制工艺卡片。

（2）编写孔系加工程序。

（3）按图 3-50 所示的刀具路径，编写凹槽的精加工程序。

3. 按指定加工路线，写出如图 3-51 所示零件轮廓的加工程序。

4. 加工如图 3-52 所示零件的一系列光孔和螺纹孔，编制其加工程序。

（1）加工工艺过程为：钻深度为 2 mm 的中心孔→钻其余孔→螺纹孔位置倒角，深度为 3 ~ 5 mm→攻螺纹。

（2）加工过程中，换刀点确定在 X = 0、Y = 0、Z = 100 处。

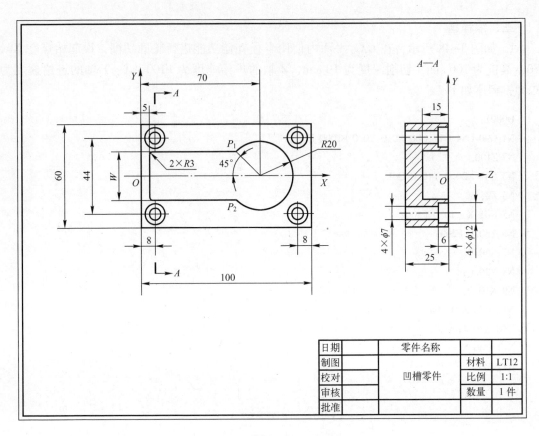

图 3-49

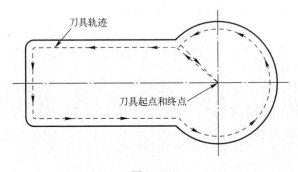

图 3-50

（3）使用固定循环加工，安全平面在 $Z=50$ 处，$R$ 平面距工件 3 mm。

（4）按照表 3-12 确定刀具编号及切削用量。

表 3-12　刀具编号、切削用量

| 刀　具 | 编　号 | 规格/mm | 转速 $s$/(r/min) | 进给速度 $f$/(mm/min) |
|---|---|---|---|---|
| 中心钻 | T01 | | 500 | 10 |
| 钻孔刀 | T02 | $\phi 5$ | 450 | 5 |
| 钻孔刀 | T03 | $\phi 6$ | 500 | 10 |
| 螺纹刀 | T04 | $\phi 6$ | 300 | 6 |

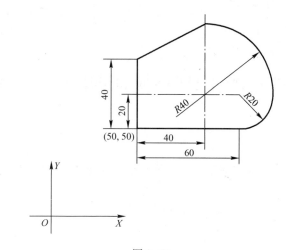

图 3-51

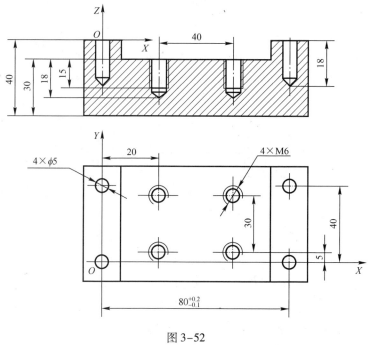

图 3-52

（5）考虑 $Z$ 向加工过程的刀具长度补偿（不考虑补偿量）。

# 项目4　加工中心机床加工程序编制

**学习目标**

（1）了解数控铣床镜像、旋转、缩放功能；掌握零件镜像、旋转、缩放特征的编程方法。

（2）掌握数铣加工中心孔加工的编程规则及编程方法。

（3）掌握数铣加工中心固定循环指令的编程格式及编程方法。

## 任务4.1　盖板零件在加工中心的加工工艺

### 1. 任务分析

盖板是机械加工中常见的零件，加工表面有平面和孔，通常须经铣平面、钻孔、扩孔、镗孔、铰孔及攻螺纹等工步才能完成。下面以图4-1所示的盖板为例介绍其加工中心加工工艺。

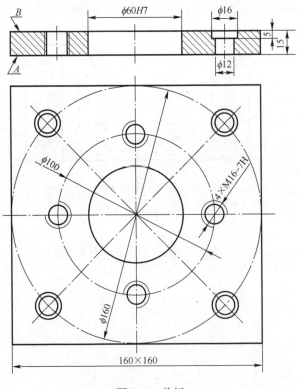

图4-1　盖板

**2. 相关知识**

（1）加工中心的主要加工对象　加工中心机床又称多工序自动换刀数控机床，这里所说的加工中心主要是指镗铣加工中心，图4-2所示为三轴立式加工中心，图4-3所示为龙门式加工中心。这类加工中心是在数控铣床的基础上发展起来的，配备了刀库及自动换刀装置，具有自动换刀功能，可以在一次定位装夹中实现对零件的铣、钻、镗及螺纹加工等多工序自动加工，如图4-4所示。加工中心具有各种辅助功能，如各种加工固定循环、刀具半径自动补偿、刀具长度自动补偿、刀具破损报警、刀具寿命管理、过载自动保护、丝杠螺距误差补偿、丝杠间隙补偿、故障自动诊断、工件与加工过程显示、工件在线检测和加工自动补偿、切削力或切削功率控制、提供DNC接口等，这些辅助功能使加工中心更加自动化、高效、高精度。

图4-2　三轴立式加工中心　　　　　图4-3　龙门式加工中心

（2）零件的工艺分析　一般主要考虑以下几个方面：

1）选择加工内容。加工中心最适合加工形状复杂、工序较多、要求较高的零件，这类零件常需使用多种类型的通用机床、刀具和夹具，要经多次装夹和调整才能完成加工。

2）检查零件图样。零件图样应表达正确，标注齐全。同时要特别注意，图样上应尽量采用统一的设计基准，从而简化编程，保证零件的精度要求。

3）分析零件的技术要求。根据零件在产品中的功能，分析各项几何精度和技术要求是否合理；在加工中心上加工，能否保证其精度和技术要求；选择哪一种加工中心最为合理。

4）审查零件的结构工艺性。分析零件的结构刚度是否足够，各加工部位的结构工艺性是否合理等。

（3）工艺过程设计　工艺设计时，主要考虑精度和效率两个方面，一般遵循先面后孔、先基准后其他、先粗后精的原则。加工中心在一次装夹中，要尽可能完成所有能够加工表面的加工。对位置精度要求较高的孔系加工，要特别注意安排孔的加工顺序，如安排不当，就有可能将传动副的反向间隙带入，直接影响位置精度。例如，安排如图4-5a所示零件的孔系加工顺序时，若按图4-5b的加工路线加工，由于5、6孔与1、2、3、4孔在$Y$向的定位方向相反，$Y$向的反向间隙会使误差增加，从而影响5、6孔与其他孔的位置精度；按如图4-5c所示加工路线加工，可避免反向间隙的引入。

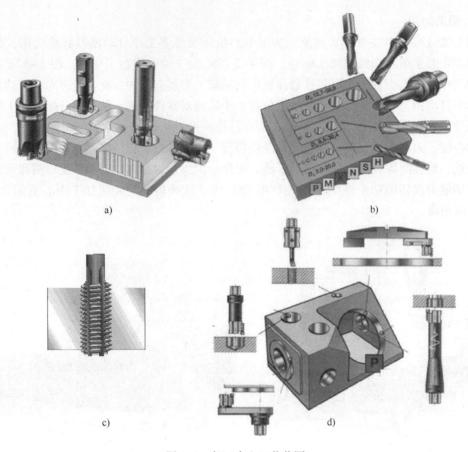

图 4-4　加工中心工艺范围

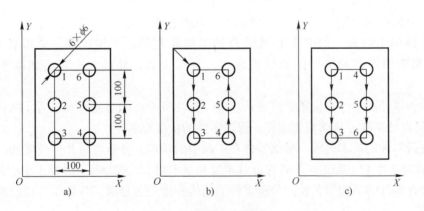

图 4-5　镗孔加工路线

a）零件图样　b）加工路线 1　c）加工路线 2

在加工过程中，为了减少换刀次数，可采用刀具集中工序，即用同一把刀具把零件上相应的部位都加工完，再换第二把刀具继续加工。但是，对于精度要求很高的孔系，当零件是通过工作台回转确定相应的加工部位时，因存在重复定位误差，则不能采取这种方法。

（4）零件的装夹

1）定位基准的选择。在加工中心加工时，零件的定位仍应遵循六点定位原则。同时，还应特别注意以下几点：

① 进行多工位加工时，定位基准的选择应考虑能完成尽可能多的加工内容，即便于各个表面都能被加工的定位方式。例如，对于箱体零件，应尽可能采用一面两销的组合定位方式。

② 当零件的定位基准与设计基准难以重合时，应认真分析装配图样，明确该零件设计基准的设计功能，通过尺寸链的计算，严格规定定位基准与设计基准间的尺寸位置精度要求，以确保加工精度。

③ 编程原点与零件定位基准可以不重合，但两者之间必须要有确定的几何关系。编程原点的选择主要考虑便于编程和测量。

2）夹具的选用。在加工中心上，夹具的任务不仅是装夹零件，而且要以定位基准为参考基准，确定零件的加工原点。因此，定位基准要准确可靠。

3）零件的夹紧。在考虑夹紧方案时，应保证夹紧可靠，并尽量减少夹紧变形。

（5）刀具的选择　加工中心对刀具的基本要求是：

1）良好的切削性能，要能承受高速切削和强力切削并且性能稳定。

2）较高的精度，刀具的精度指刀具的形状精度和刀具与装夹装置的位置精度。

3）配备完善的刀具系统，可满足多刀连续加工的要求。

加工中心所使用刀具的刀柄部分与一般数控铣床用刀具的刀柄部分不同，加工中心用刀具的刀柄带有夹持槽，可供机械手夹持。

加工中心的主轴转速较普通机床的主轴转速高 1～2 倍，某些特殊用途的加工中心，主轴转速高达数万转每分钟，因此加工中心刀具的强度与耐用度至关重要。目前硬质合金、涂镀刀具等已广泛用于加工中心，陶瓷刀具与立方氮化硼刀具也开始在加工中心中运用。

加工中心有刀库和自动换刀装置，根据程序的需要可以自动换刀，如图 4-6 所示的可装 20 把刀具的无臂式 ATC 刀具库。换刀点应在换刀时工件、夹具、刀具及机床相互之间没有任何碰撞和干涉的位置上，加工中心的换刀点往往是固定的。

图 4-6　无臂式 ATC 刀具库

（6）加工中心编程的特点　由于加工中心的加工特点，在编写加工程序前，首先要注意换刀程序的应用。

不同的加工中心，其换刀过程是不完全一样的，通常选刀和换刀可分开进行。换刀完毕起动主轴后，方可进行下面程序段的加工内容。选刀动作可与加工中心的加工重合起来，即利用切削时间进行选刀。多数加工中心都规定了固定的换刀点位置，各运动部件只有移动到这个位置，才能开始换刀动作。

XH714 加工中心装备有盘形刀具库，通过主轴与刀具库的相互运动可实现换刀。换刀过程用一个子程序描述，习惯上取程序号为 O9000。换刀子程序如下：

| | |
|---|---|
| O9000； | |
| N10 G90； | 选择绝对方式 |
| N20 G53 Z－124.8； | 主轴 Z 向移动到换刀点位置(即与刀具库在 Z 方向上相应) |
| N30 M06； | 刀具库旋转至其上空刀位对准主轴,主轴准停 |
| N40 M28； | 刀具库前移,使空刀位上刀夹夹住主轴上刀柄 |
| N50 M11； | 主轴放松刀柄 |
| N60 G53 Z－9.3； | 主轴 Z 向向上,回设定的安全位置(主轴与刀柄分离) |
| N70 M32； | 刀具库旋转,选择将要换上的刀具 |
| N80 G53 Z－124.8； | 主轴 Z 向向下至换刀点位置(刀柄插入主轴孔) |
| N90 M10； | 主轴夹紧刀柄 |
| N100 M29； | 刀具库向后退回 |
| N110 M99； | 换刀子程序结束,返回主程序 |

需要注意的是，为了使换刀子程序不被随意更改，以保证换刀安全，设备管理人员可将该程序隐藏。当加工程序中需要换刀时，调用 O9000 号子程序即可。调用程序段可如下编写：

　　N__T__M98 P9000；

其中：N 后为程序顺序号；T 后为刀具号，一般取 2 位；M98 为调用换刀子程序；P9000 为换刀子程序号。

加工中心的编程方法与数控铣床的编程方法基本相同，加工坐标系的设置方法也一样。因此，后面将主要介绍加工中心的加工固定循环功能、刀具长度补偿功能、简化编程指令等内容。

**3. 任务实施**

（1）分析零件图样，选择加工内容　该盖板的材料为铸铁，故毛坯为铸件。由零件图可知，盖板的四个侧面为不加工表面，全部加工表面都集中在 A、B 面上。最高公差等级为 IT7 级。从工序集中和便于定位两个方面考虑，选择 B 面及位于 B 面上的全部孔在加工中心上加工，将 A 面作为主要定位基准，并在前道工序中先加工好。

（2）选择加工中心　由于 B 面及位于 B 面上的全部孔，只需单工位加工即可完成，故选择立式加工中心。加工表面不多，只有粗铣、精铣、粗镗、半精镗、精镗、钻、扩、锪、铰及攻螺纹等工步，所需刀具不超过 20 把。选用国产 XH714 型立式加工中心即可满足上述要求。该机床工作台的尺寸为 400 mm × 800 mm，X 轴的行程为 600 mm，Y 轴的行程为 400 mm，Z 轴的行程为 400 mm，主轴端面至工作台台面距离为 125 ~ 525 mm，定位精度和重复定位精度分别为 0.02 mm 和 0.01 mm，刀具库的容量为 18 把，工件一次装夹后可自动完成铣、钻、镗、铰及攻螺纹等工步的加工。

（3）设计工艺

1）选择加工方法。B 面用铣削方法加工，因其表面粗糙度 Ra 值为 6.3 μm，故采用粗铣—精铣方案；$\phi60H7$ 孔为已铸出毛坯孔，为达到 IT7 级的公差等级和 $Ra=0.8\ \mu m$ 的表面粗糙度，须经三次镗削，即采用粗镗—半精镗—精镗方案；对 $\phi12H8$ 孔，为防止钻偏和达到 IT8 级精度，按钻中心孔—钻孔—扩孔—铰孔方案进行；$\phi16\ mm$ 孔在 $\phi12\ mm$ 孔基础上镗至要求尺寸即可；M16 螺纹孔采用先钻底孔后攻螺纹的加工方法，即按钻中心孔—钻底孔—倒角—攻螺纹方案加工。

2）确定加工顺序。按照先面后孔、先粗后精的原则确定。具体加工顺序为粗、精铣 $B$ 面—粗、半精、精镗 $\phi60H7$ 孔—钻各光孔和螺纹孔的中心孔—钻、扩、镗、铰 $\phi12H8$ 及 $\phi16\ mm$ 孔—M16 螺孔钻底孔、倒角和攻螺纹，详见表 4-1。

表 4-1　数控加工工序卡

| 产品名称 | | | 零件名称 | 盖 板 | 材 料 | HT200 | 零件图号 | |
|---|---|---|---|---|---|---|---|---|
| 工序号 | 程序编号 | 夹具名称 | 夹具编号 | 使用设置 | | 车 间 | | |
| | | 台 钳 | | XH714 | | | | |
| 工步号 | 工 步 内 容 | | 加工面 | 刀具号 | 刀具规格<br>/mm | 主轴转速<br>/(r/min) | 进给速度<br>/(mm/min) | 背吃刀量<br>/mm | 备注 |
| 1 | 粗铣 $B$ 面，余量 0.5 mm | | | T01 | $\phi100$ | 300 | 70 | 3.5 | |
| 2 | 精铣 $B$ 面至尺寸 | | | T13 | $\phi100$ | 350 | 50 | 0.5 | |
| 3 | 粗镗 $\phi60H7$ 孔至 $\phi58\ mm$ | | | T02 | $\phi58$ | 400 | 60 | | |
| 4 | 半精镗 $\phi60H7$ 孔至 $\phi59.95\ mm$ | | | T03 | $\phi59.95$ | 450 | 50 | | |
| 5 | 精镗 $\phi60H7$ 孔至要求尺寸 | | | T04 | $\phi60H7$ | 500 | 40 | | |
| 6 | 钻 $4\times\phi12H8$ 和 $4\times M16$ 中心孔 | | | T05 | $\phi3$ | 1000 | 50 | | |
| 7 | 钻 $4\times\phi12H8$ 至 $\phi10\ mm$ | | | T06 | $\phi10$ | 600 | 60 | | |
| 8 | 扩 $4\times\phi12H8$ 至 $\phi11.85\ mm$ | | | T07 | $\phi11.85$ | 300 | 40 | | |
| 9 | 镗 $4\times\phi16$ 至要求尺寸 | | | T08 | $\phi16$ | 150 | 30 | | |
| 10 | 铰 $4\times\phi12H8$ 至要求尺寸 | | | T09 | $\phi12H8$ | 100 | 40 | | |
| 11 | 钻 $4\times M16$ 底孔至 $\phi14\ mm$ | | | T10 | $\phi14$ | 450 | 60 | | |
| 12 | 倒 $4\times M16$ 底孔倒角 | | | T11 | $\phi18$ | 300 | 40 | | |
| 13 | 攻 $4\times M16$ 螺纹孔 | | | T12 | M16 | 100 | 200 | | |
| 编制 | | | 审核 | 批准 | | 共 1 页　第 1 页 | | |

3）确定装夹方案和选择夹具。该盖板零件形状简单，四个侧面较光整，加工面与不加工面之间的位置精度要求不高，故可选用通用台钳，以盖板底面 $A$ 和两个侧面定位，用台钳钳口从侧面夹紧。

4）选择刀具。所需刀具有面铣刀、镗刀、中心钻、麻花钻、铰刀、立铣刀（镗 $\phi16\ mm$ 孔）及丝锥等，其规格根据加工尺寸选择。$B$ 面粗铣铣刀直径应选小一些，以减小切削力矩，但也不能太小，以免影响加工效率；$B$ 面精铣铣刀直径应选大一些，以减少接刀痕迹，但要考虑到刀具库允许装刀直径（XH714 型加工中心的允许装刀直径：无相邻刀具为 $\phi150mm$，有相邻刀具为 $\phi80mm$）也不能太大。刀柄柄部根据主轴锥孔和拉紧机构选择，XH714 型加工中心主轴锥孔为 ISO40，适用的刀柄为 BT40（日本标准 JISB6339），故刀柄柄部应选择 BT40 型号，具体所选刀具及刀柄见表 4-2。

表 4-2    数控加工刀具编号

| 产品名称 | | | 零件名称 | 盖　板 | 零件图号 | | 程序编号 | |
|---|---|---|---|---|---|---|---|---|
| 工步号 | 刀具号 | 刀具名称/mm | 刀柄型号 | | 刀具规格/mm | | 补偿值/mm | 备　注 |
| | | | | | 直径 | 长度 | | |
| 1 | T01 | 面铣刀 φ100 | BT40 – XM32 – 75 | | φ100 | | | |
| 2 | T13 | 面铣刀 φ100 | BT40 – XM32 – 75 | | φ100 | | | |
| 3 | T02 | 镗刀 φ58 | BT40 – TQC50 – 180 | | φ58 | | | |
| 4 | T03 | 镗刀 φ59.95 | BT40 – TQC50 – 180 | | φ59.95 | | | |
| 5 | T04 | 镗刀 φ60H7 | BT40 – TW50 – 140 | | φ60H7 | | | |
| 6 | T05 | 中心钻 φ3 | BT40 – Z10 – 45 | | φ3 | | | |
| 7 | T06 | 麻花钻 φ10 | BT40 – M1 – 45 | | φ10 | | | |
| 8 | T07 | 扩孔钻 φ11.85 | BT40 – M1 – 45 | | φ11.85 | | | |
| 9 | T08 | 阶梯铣刀 φ16 | BT40 – MW2 – 55 | | φ16 | | | |
| 10 | T09 | 铰刀 φ12H8 | BT40 – M1 – 45 | | φ12H8 | | | |
| 11 | T10 | 麻花钻 φ14 | BT40 – M1 – 45 | | φ14 | | | |
| 12 | T11 | 麻花钻 φ18 | BT40 – M2 – 50 | | φ18 | | | |
| 13 | T12 | 机用丝锥 M16 | BT40 – C12 – 130 | | M16 | | | |
| 编制 | | 审核 | | 批准 | | | 共 1 页　第 1 页 | |

5）确定进给路线。B 面的粗、精铣削加工进给路线根据铣刀直径确定，因所选铣刀直径为 φ100mm，故安排沿 Z 方向两次进给（图 4-7）。所有孔加工进给路线均按最短路线确定，因为孔的位置精度要求不高，机床的定位精度完全能保证，图 4-8～图 4-12 所示为各孔加工工步的进给路线。

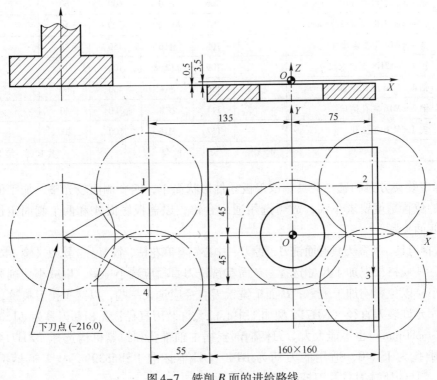

图 4-7    铣削 B 面的进给路线

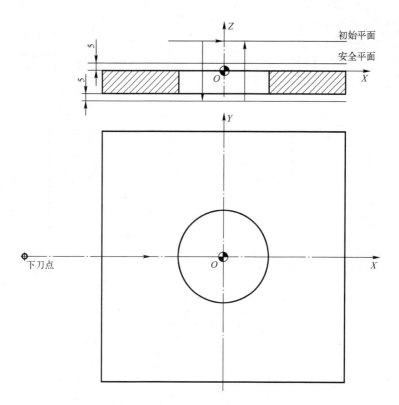

图 4-8 加工 φ60H7 孔的进给路线

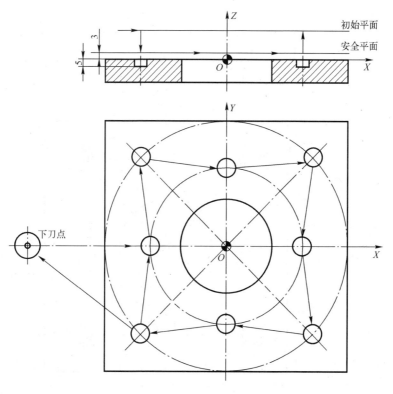

图 4-9 钻中心孔的进给路线

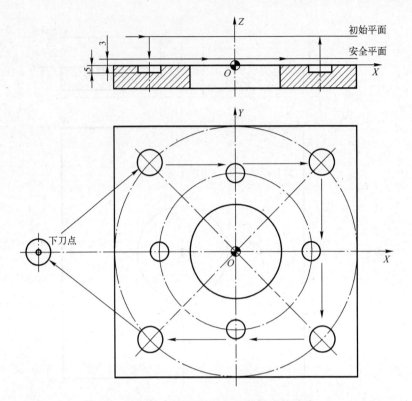

图 4-10　钻、扩、铰 $\phi$12H8 孔的进给路线

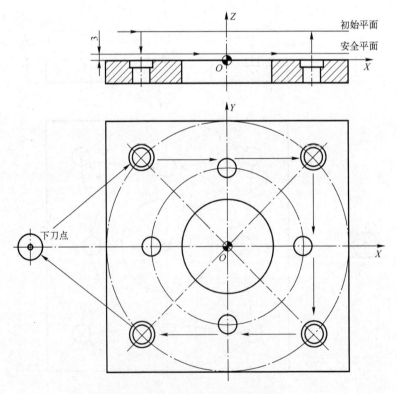

图 4-11　锪 $\phi$16 mm 孔的进给路线

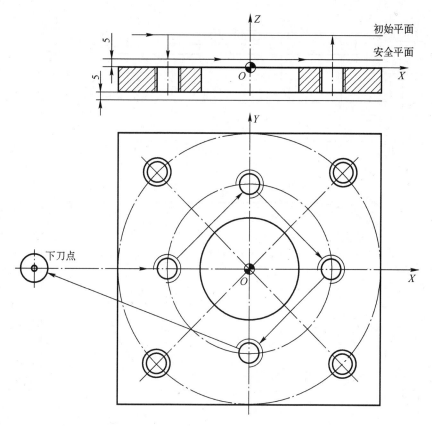

图 4-12　钻螺纹底孔及攻螺纹的进给路线

## 任务 4.2　复杂箱体类零件铣削加工程序编制

### 1. 任务分析

如图 4-13 所示的泵盖零件为小批量试制，零件材料为 HT200 铸铁，毛坯尺寸为 170 mm ×110 mm ×30 mm。该泵盖零件的加工工序多，为加快该泵盖零件的新产品试制速度，要求采用数控加工。

箱体类零件的加工主要以孔加工和面加工为主，孔加工是铣削加工中重要的加工内容，常见的孔加工包括钻削加工、镗削加工、内螺纹加工、锪孔以及铰削加工等，因其动作相类似，故编程常采用固定循环指令。

### 2. 相关知识

（1）固定循环功能指令　加工中心机床配备的固定循环功能，主要用于孔加工，包括钻孔、镗孔、攻螺纹等。使用一个程序段就可以完成一个孔加工的全部动作。继续加工孔时，若孔加工的动作无须变更，则程序中所有模态的数据可以不写，因此可以大大简化程序。固定循环功能指令见表 4-3。

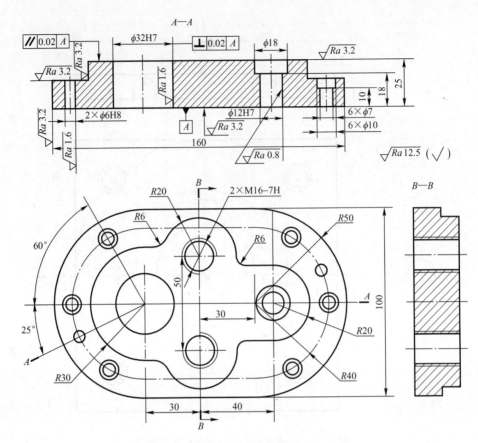

图 4-13 零件图

**表 4-3 固定循环功能指令**

| G 代码 | 孔加工动作<br>(-Z 方向) | 在孔底的动作 | 刀具返回方式<br>(+Z 方向) | 用　途 |
|---|---|---|---|---|
| G73 | 间歇进给 | — | 快速 | 高速啄式钻孔 |
| G74 | 切削进给 | 暂停—主轴正转 | 切削进给 | 攻左旋螺纹孔 |
| G76 | 切削进给 | 主轴准停—刀具位移 | 快速 | 精镗孔 |
| G80 | — | — | — | 取消固定循环 |
| G81 | 切削进给 | — | 快速 | 钻孔、钻中心孔 |
| G82 | 切削进给 | 暂停 | 快速 | 钻孔、锪孔、镗阶梯孔 |
| G83 | 间歇进给 | — | 快速 | 啄式钻孔 |
| G84 | 切削进给 | 暂停—主轴反转 | 切削进给 | 攻右旋螺纹孔 |
| G85 | 切削进给 | — | 切削进给 | 精镗孔、铰孔 |
| G86 | 切削进给 | 暂停 | 快速 | 镗孔 |
| G87 | 切削进给 | 暂停 | 快速 | 反镗孔 |
| G88 | 切削进给 | 暂停—主轴停 | 手动 | 镗孔 |
| G89 | 切削进给 | 暂停 | 切削进给 | 精镗阶梯孔 |

（2）确定 $Z$ 向（轴向）的加工路线  刀具在 $Z$ 向的加工路线分为快移进给路线和工作进给路线。图 4-14a 所示为单孔加工路线，图 4-14b 所示为多孔加工路线。

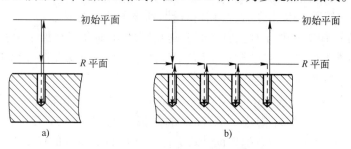

图 4-14  刀具 $Z$ 向加工路线设计

a）单孔加工路线  b）多孔加工路线

加工不通孔时，工作进给距离：$Z_F = Z_a + H + T_t$，如图 4-15a 所示；加工通孔时，工作进给距离：$Z_F = Z_a + H + Z_o + T_t$，如图 4-15b 所示。

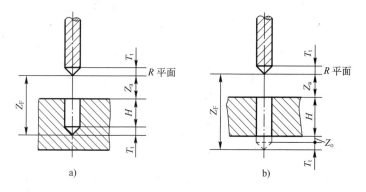

图 4-15  刀具 $Z$ 向工作进给距离

（3）孔加工固定循环通常由以下六个动作组成：

动作 1——$X$ 轴和 $Y$ 轴定位，使刀具快速定位到孔加工的位置。

动作 2——快进到 $R$ 点。刀具自起点快速进给到 $R$ 点。

动作 3——孔加工，以切削进给方式执行孔加工的动作。

动作 4——在孔底的动作，包括暂停、主轴准停、刀具移位等动作。

动作 5——返回到 $R$ 点，继续孔的加工而又可以安全移动刀具时选择 $R$ 点。

动作 6——快速返回到起点，孔加工完后一般应选择起点。

图 4-16 所示为固定循环功能指令的动作，图中虚线表示快速进给，实线表示切削进给。

① 初始平面。初始平面是为安全下刀而规定的一个平面。初始平面到零件表面的距离可以任意设定在一个安全的高度上，当使用同一把刀具加工若干孔时，只有孔间存在障碍需要跳跃或全部孔加工完毕时，才能使用 G98 指令使刀具返回到初始平面上的起点。

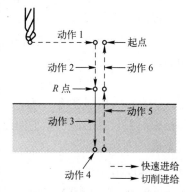

图 4-16  固定循环功能指令的动作

② R点平面。R点平面又称为R参考平面，这个平面是刀具在下刀时自快进转为工进的高度平面，距工件表面的距离（又称刀具切入距离）主要考虑工件表面尺寸的变化，一般可取2~5 mm。使用G99指令时，刀具将返回到该平面上的R点。

③ 孔底平面。加工不通孔时孔底平面就是孔底的Z轴高度，加工通孔时刀具一般还要伸出工件底面一段距离（又称刀具切出距离），主要是保证全部孔深都加工到要求尺寸，钻削加工时还应考虑钻头、钻尖对孔深的影响。

④ 定位平面。由平面选择指令G17、G18或G19决定，定位轴是除了钻孔轴以外的轴。

⑤ 数据形式。固定循环指令中R与Z的数据指定与G90或G91的方式选择有关，图4-17所示为G90和G91指令的坐标计算方法。选择G90方式时，R与Z一律取其终点坐标值；选择G91方式时，R是指自起点到R点的距离，Z是指自R点到孔底平面上Z点的距离。

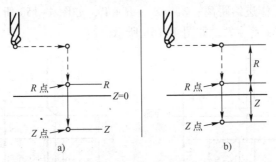

图4-17　G90和G91指令的坐标计算方法
a) G90方式　b) G91方式

⑥ 返回点平面指令G98、G99。由G98或G99决定刀具在返回时到达的平面。若指令为G98，则自该程序段开始刀具返回时会返回到初始平面；若指令为G99，则刀具返回到R点平面。

（4）固定循环指令格式及说明

格式：G□□ X＿＿ Y＿＿ Z＿＿ R＿＿ Q＿＿ P＿＿ F＿＿ L＿＿；

G□□是指孔的加工方式，具体见表4-3；

1）高速深孔往复排屑钻循环指令G73。

格式：G73 X＿ Y＿ Z＿ R＿ Q＿ F＿K＿；

说明：

① G73指令用于高速深孔钻，它执行间歇切削进给直到孔的底部，同时从孔中排除切屑。

② X、Y为孔的位置，Z为孔的深度，F为进给速度（mm/min），R为参考平面的高度，Q为每次切削进给的背吃刀量，K为重复次数。G98和G99两个模态指令控制孔加工循环结束后刀具是返回初始平面还是参考平面：G98返回初始平面，为默认方式；G99返回参考平面。例如：

M3 S2000；　　　　　　　　　　　　　　　主轴开始旋转

G90 G99 G73 X300 Y－250 Z－150 R－100 Q15 F120；

　　　　　　　　　　　　　　　　　定位,钻1孔,然后返回到R点

| | |
|---|---|
| Y−550; | 定位,钻2孔,然后返回到 R 点 |
| Y−750; | 定位,钻3孔,然后返回到 R 点 |
| X1000; | 定位,钻4孔,然后返回到 R 点 |
| Y−550; | 定位,钻5孔,然后返回到 R 点 |
| G98 Y−750; | 定位,钻6孔,然后返回初始平面 |
| G80 G28 G91 X0 Y0 Z0; | 返回到参考点 |
| M05; | 主轴停止旋转 |

2）精镗孔循环指令 G76。

格式：G76 X＿ Y＿ Z＿ R＿ Q＿ P＿ F＿ K＿;

说明：

① G76 指令用于镗削精密孔,当到达孔底平面时主轴停止切削,刀具离开工件的被加工表面,并返回。

② Q 为在孔底的偏移量,是在固定循环内保存的模态值,必须小心指定。它也用作 G73 和 G83 的背吃刀量,参数意义同前。

3）钻孔循环指令 G81。

格式：G81 X＿ Y＿ Z＿ R＿ F＿ K＿;

说明：G81 指令用于正常钻孔,切削进给执行到孔底平面,然后刀具从孔底平面快速移动退回,参数意义同前。

4）锪孔循环指令 G82。

格式：G82 X＿ Y＿ Z＿ R＿ P＿ F＿ K＿;

说明：

① G82 指令用于正常钻孔切削,进给执行到孔底平面时暂停,然后刀具从孔底平面快速移动退回。

② 该指令除了要在孔底平面暂停外,其他动作与 G81 指令相同,参数意义同前。

5）深孔往复排屑钻指令 G83。

格式：G83 X＿ Y＿ Z＿ R＿ Q＿ F＿ K＿;

说明：G83 指令与 G73 指令略有不同的是每次刀具间歇进给后要回退至 R 点平面,在第二次及以后的切削进给中执行快速移动到上次钻孔结束之前的一点,距离由系统参数来设定。当要加工的孔较深时可采用此方式,参数意义同 G73 指令。

6）精镗孔循环指令 G85。

格式：G85 X＿ Y＿ Z＿ R＿ F＿ K＿;

说明：G85 指令主要适用于精镗孔等情况,参数意义同前。

7）镗孔循环指令 G86。

格式：G86 X＿ Y＿ Z＿ R＿ F＿ K＿;

说明：G86 指令与 G85 指令的区别是在到达孔底位置后,主轴停止,并快速退出,参数意义同前。

8）反镗孔循环指令 G87。

格式：G87 X＿ Y＿ Z＿ R＿ Q＿ P＿ F＿ K＿;

说明：G87 指令用于精密镗孔,参数意义同 G76 指令。

9）镗孔循环指令 G88。

格式：G88 X＿ Y＿ Z＿ R＿ P＿ F＿K＿；

说明：G88 指令用于镗孔，当镗孔完成后，执行暂停，然后主轴停止，刀具从孔底平面的 Z 点手动返回到 R 点，在 R 点主轴正转，并且执行快速移动到初始位置，参数意义同 G76 指令。

10）精镗阶梯孔循环指令 G89。

格式：G89 G＿ X＿ Y＿ Z＿ R＿ P＿ F＿；

说明：G89 指令与 G85 指令的区别是 G89 指令在到达孔底位置后进给暂停，参数意义同前。

11）取消孔加工循环指令 G80。

格式：G80；

说明：G80 指令为取消孔加工循环指令，与其他孔加工循环指令成对使用。孔加工指令为模态指令，直到 G80、G00、G01、G02 或 G03 指令出现，才会取消钻孔循环。

【例4-1】试采用固定循环方式加工如图4-18所示零件的各孔，工件材料为HT300，使用刀具 T01 为镗孔刀，T02 为 φ13 mm 的钻头，T03 为锪钻。

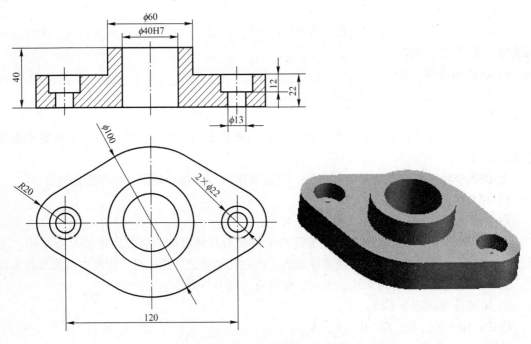

图 4-18　固定循环加工零件图

程序如下：

O1001；

N010 T0101；　　　　　　　　　　　　　　　　选1号刀

N020 M06；　　　　　　　　　　　　　　　　　换刀

N030 G90 G00 G54 X0 Y0 T02；　　　　　　　　使用绝对坐标方式编程,建立工件坐标系

N040 G43 H01 Z20.0 M03 S500 F30；　　　　　建立长度补偿,主轴正转,转速为500 r/min

N050 G98 G85 X0 Y0 R3.0 Z－45.0；　　　　　　　精镗孔循环孔加工

N060 G80 G28 G49 Z0 M06；　　　　　　　　　　取消孔加工循环,回参考点,取消长度补偿

N070 G00 X－60.0 Y50.0 T03；　　　　　　　　　选 3 号刀

N080 G43 H02 Z10.0 M03 S600；　　　　　　　　建立长度补偿,主轴正转,转速为 600 r/min

N090 G98 G73 X－60.0 Y0 R－15.0 Z－48.0 Q4.0 F40；　高速深孔往复排屑钻循环孔加工

N100 X60.0；　　　　　　　　　　　　　　　　加工 X60 位置的孔

N110 G80 G28 G49 Z0；　　　　　　　　　　　取消孔加工循环,回参考点,取消长度补偿

N120 G00 X－60.0 Y0.；　　　　　　　　　　　快速定至（X－60.0,Y0）的位置

N130 G43 H03 Z10.0 M03 S350；　　　　　　　　建立长度补偿,主轴正转,转速为 350 r/min

N140 G98 G82 X－60.0 Y0 R－15.0 Z－32.0 P100 F25；　锪孔循环孔加工

N150 X60.0；　　　　　　　　　　　　　　　　加工 X＝60 mm 位置的孔

N160 G80 G28 G49 Z0 M05；　　　　　　　　　取消孔加工循环,回参考点,取消长度补偿,主轴停转

N170 G91 G28 X0 Y0 M30；　　　　　　　　　　回参考点,主程序结束

**【例 4-2】** 用重复固定循环方式钻削加工如图 4-19 所示的各孔，钻头直径为 10 mm。

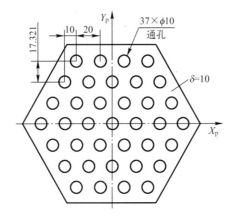

图 4-19　六边形孔板

加工程序如下。

O1100；　　　　　　　　　　　程序号

N01 G90 G92 X0 Y0 Z100；　　　使用绝对坐标方式编程,建立工件坐标系

N02 G00 X－50 Y51.963 M03 S800；　快速进给至 X＝－50 mm,Y＝51.963 mm,主轴正转,转速为 800 r/min

N03 Z20 M08 F40；　　　　　　　Z 轴快移至 Z＝20 mm,切削液开,进给速度为 40 mm/s

N04 G91 G81 G99 X20 Z－18 R－17 L4；　从左到右依次定位,循环四次钻削第一行四个孔

N05 X10 Y－17.321；　　　　　　定位、钻削第二行最右边的孔

N06 X－20 L4；　　　　　　　　从右往左依次定位,循环四次钻削第二行其余四个孔

N07 X－10 Y－17.321；　　　　　定位、钻削第三行最左边的孔

N08 X20 L5；　　　　　　　　　从左往右依次定位,循环五次钻削第三行其余五个孔

N09 X10 Y－17.321；　　　　　　定位、钻削第四行最右边的孔

N10 X－20 L6；　　　　　　　　从右往左依次定位,循环六次钻削第四行其余六个孔

N11 X10 Y－17.321；　　　　　　定位、钻削第五行最左边的孔

N12 X20 L5；　　　　　　　　　从左往右依次定位,循环五次钻削第五行其余五个孔

N13 X－10 Y－17.321；　　　　　定位、钻削第六行最右边的孔

| N14 X - 20 L4; | 从右往左依次定位,循环四次钻削第六行其余四个孔 |
| N15 X10 Y - 17. 321; | 定位、钻削第七行最左边的孔 |
| N16 X20 L3; | 从左往右依次定位,循环三次钻削第起行其余三个孔 |
| N17 G80 M09; | 取消固定循环,切削液关 |
| N18 G90 G00 Z100; | 绝对值输入,Z 轴快移至 Z = 100 mm |
| N19 X0 Y0 M05; | 快速进给至 X = 0 , Y = 0 ,主轴停转 |
| N20 M30; | 主程序结束 |

## 3. 任务实施

（1）加工工序卡（表4-4）

表4-4　加工工序卡

| 工序号 | 工序内容 | 刀具号 | 刀具名称 | 主轴转速 /(r/min) | 进给速度 /(mm/min) | 背吃刀量 /mm | 夹具 |
|---|---|---|---|---|---|---|---|
| 1 | 粗铣定位基准面 A | T01 | φ63 mm 硬质合金面铣刀 | 300 | 80 | 0. 2 | 专用夹具 |
| 2 | 粗铣上表面 | T01 | φ63 mm 硬质合金面铣刀 | 300 | 80 | 0. 2 | 专用夹具 |
| 3 | 精铣上表面 | T01 | φ63 mm 硬质合金面铣刀 | 360 | 200 | 0. 4 | 专用夹具 |
| 4 | 精铣定位基准面 A | T01 | φ63 mm 硬质合金面铣刀 | 360 | 200 | 0. 4 | 专用夹具 |
| 5 | 钻 φ32H7 底至 φ31 mm | T02 | φ31 mm 钻头 | 300 | 150 | 0. 2 | 专用夹具 |
| 6 | 粗镗 φ32H7 | T03 | φ32 mm 镗刀 | 300 | 100 | 0. 5 | 专用夹具 |
| 7 | 钻 φ12H7 底孔至 13. 9 mm | T04 | φ13. 9 mm 钻头 | 800 | 160 | 0. 25 | 专用夹具 |
| 8 | 锪 φ18 mm 孔 | T05 | φ18 mm 钻头 | 700 | 200 | 0. 1 | 专用夹具 |
| 9 | 铰 φ12H7 孔 | T06 | φ12H7 铰刀 | 400 | 200 | 0. 15 | 专用夹具 |
| 10 | 钻 3 × M16 底孔至 14. 3 mm | T07 | φ14. 3 mm 钻头 | 500 | 150 | 0. 2 | 专用夹具 |
| 11 | 攻 3 × M16 螺纹孔 | T08 | M16 丝锥 | 300 | 400 | 0. 15 | 专用夹具 |
| 12 | 钻 3 × φ7 mm 底孔至 6. 5 mm | T09 | φ6. 5 mm 钻头 | 500 | 180 | 0. 05 | 专用夹具 |
| 13 | 锪 3 × φ10 mm 孔 | T10 | φ10 mm 钻头 | 400 | 40 | 0. 2 | 专用夹具 |
| 14 | 铰 3 × φ7 mm 孔 | T11 | φ7 mm 铰刀 | 300 | 300 | 0. 2 | 专用夹具 |
| 15 | 钻 3 × φ6H8 底孔至 φ5. 8 mm | T12 | φ5. 8 mm 钻头 | 900 | 30 | 0. 1 | 专用夹具 |
| 16 | 铰 3 × φ6H8 孔 | T13 | φ6H8 铰刀 | 350 | 180 | 0. 1 | 专用夹具 |
| 17 | 粗铣台阶面及其轮廓 | T14 | φ20 mm 铣刀 | 260 | 180 | 0. 1 | 专用夹具 |
| 18 | 精铣台阶面及其轮廓 | T14 | φ20 mm 铣刀 | 300 | 200 | 0. 3 | 专用夹具 |
| 19 | 粗铣床外轮廓 | T14 | φ20 mm 铣刀 | 260 | 180 | 0. 1 | 专用夹具 |
| 20 | 精铣外轮廓 | T14 | φ20 mm 铣刀 | 300 | 200 | 0. 3 | 专用夹具 |

（2）加工程序（表4-5）

表4-5　加工程序

| 钻孔程序 | 攻丝程序 | 镗孔程序 |
|---|---|---|
| O0001; | O0002; | O0003; |
| N10　G90 G54 G00 X0 Y0 S300 M03; | N10　G90 G54 G00 X0 Y0 S300 M03; | N10　G90 G54 G00 X0 Y0 S700 M03; |

| 钻孔程序 | 攻丝程序 | 镗孔程序 |
|---|---|---|
| N20　Z100 M08； | N20　Z100 M08； | N20　Z100 M08； |
| N30　G99 G81 X40 Y0 R5 Z－28 F100； | N30　G99 G84 X0 Y25 R5 Z－28 F400； | N30　G99 G85 X－30 Y0 R5 Z－26 F55； |
| N40　G80 G00 Z100； | N40　X40 Y0； | N40　G80 G00 Z100； |
| N50　M30； | N50　G80 G00 Z100； | N50　M30； |
| | N60　M30； | |

注意：1. 如果不想用坐标旋转指令来加工孔，那就需要把每个孔的中心坐标值求解出来，每次加工孔时把刀具移动到要加工孔中心的上方就行。

2. 钻孔前需打一个中心孔，否则在钻孔时刀具容易偏移孔的中心。

3. 在子程序调用过程中一定要注意 G90 和 G91 指令的状态变化，防止坐标进给错误。

## 任务 4.3　螺纹孔加工循环编程

### 1. 任务分析

运用螺纹加工指令完成如图 4-20 所示零件的螺纹加工编程。

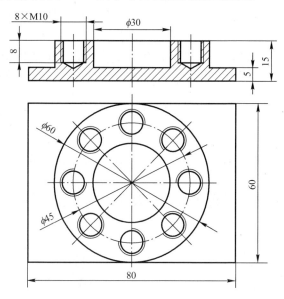

图 4-20　螺纹加工零件图

### 2. 相关知识

（1）螺纹加工一般有四种方法：

1）使用丝锥和弹性攻丝刀柄，即柔性攻丝方式。使用这种加工方式时，数控机床主轴的回转和 Z 轴的进给一般不能够实现严格地同步，而弹性攻丝刀柄恰好能够弥补这一点，以弹性变形保证二者的一致，如果转矩过大，就会脱开，以保护丝锥不断裂。在编程时，可使用固定循环指令 G84 或左旋攻丝指令 G74，同时主轴转速 S 代码与进给速度 F 代码的数值关系是匹配的。

2）使用丝锥和弹簧夹头刀柄，即刚性攻丝方式。使用这种加工方式时，要求数控机床的主轴必须配置有编码器，以保证主轴的回转和 Z 轴的进给严格地同步，即主轴每转一圈，Z 轴进给一个螺距。由于机床的硬件保证了主轴和进给轴的同步关系，因此使用弹簧夹头刀柄即可，但弹性夹套建议使用丝锥专用夹套，以保证转矩的传递。在编程时，也可使用 G84 或指令 G74 和 M29 刚性攻丝方式。同时主轴转速 S 代码与进给速度 F 代码的数值关系是匹配的。R 点位置应距离加工表面一定高度，待主轴到达指令转速后，再开始加工。

3）使用 G33 螺纹切削指令。使用这种加工方式时，要求数控机床的主轴必须配置有编码器，同时使用定尺寸的螺纹刀，这种方法使用较少。

4）使用螺纹铣刀加工

上述三种方法仅用于定尺寸的螺纹刀，一种规格的刀具只能够加工同等规格的螺纹。而使用螺纹刀铣削螺纹的特点是可以使用同一把刀具加工不同直径的左旋和右旋螺纹，如果使用单齿螺纹铣刀，还可以加工不同螺距的螺纹孔，编程时使用螺旋插补指令。

（2）编程指令

1）右旋攻螺纹循环指令 G84。

格式：G84　X__Y__ Z__R__F__；

G84 指令在右旋攻螺纹时，从 R 点到 Z 点主轴正转，在孔底暂停后，主轴反转，然后退回。

G84 指令在切削螺纹期间，速度倍率、进给保持功能均不起作用；进给速度 $f$ = 主轴转速 × 螺纹导程，否则会产生乱扣。因此，编程时要根据主轴转速计算进给速度；该指令在执行前，要用辅助功能使主轴旋转。

2）左旋攻螺纹循环指令 G74。

格式：G74　X__Y__Z__R__F__；

G74 指令左旋攻螺纹时，从 R 点到 Z 点主轴反转，在孔底暂停后，主轴正转，然后退回。

G74 指令与 G84 指令的区别是 G74 指令在进给时为反转，退出时为正转，如图 4-21 所示。

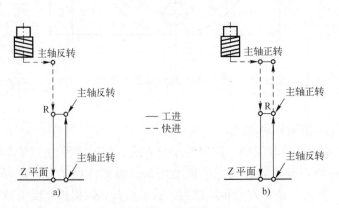

图 4-21　攻螺纹动作图

a）G99 G74 指令动作图　b）G98 G84 指令动作图

在 G74、G84 攻螺纹循环指令执行的过程中，操作面板上的进给率调整旋钮无效，另外即使按下进给暂停键，循环在退回动作结束之前也不会停止。

（3）刀具长度补偿指令 G43、G44、G49（H00）

格式：G43 Z__ H__；刀具长度补偿（＋）

G44 Z__ H__；刀具长度补偿（－）

G49；或 H00；取消刀具长度补偿

执行 G43 时

$$Z_{实际值} = Z_{指令值} + H__中的偏置值$$

执行 G44 时

$$Z_{实际值} = Z_{指令值} - H__中的偏置值$$

说明：

（1）刀具长度补偿指令一般用于刀具 Z 方向上（轴向）的补偿，它使刀具在 Z 方向上的实际位移量比程序给定的值增加或减少一个偏置量。G43 指令为刀具长度正补偿；G44 指令为刀具长度负补偿；Z 为目标点的坐标；H 为刀具长度补偿代号，补偿量存入由 H 代码指定的存储器中。若输入指令"G00 G43 Z100 H01；"，并于 H01 中存入"－200"，则执行该指令时，将用 Z 坐标值"100"与 H01 中所存的"－200"进行正补偿运算，即 100 +（－200）= －100，并将所求得的结果作为 Z 轴的移动值。取消刀具长度补偿用 G49 或 H00 指令。若指令中忽略了坐标轴，则默认为 Z 轴且为 Z0。

（2）当刀具在长度方向的尺寸发生变化时，可以在不改变程序的情况下，通过改变偏置量，加工出所要求的零件尺寸。

图 4-22 所示为镗孔刀具长度补偿示例，程序如下：

N1 G91 G00 X120.0 Y80.0；

N2 G43 Z－32.0 H1；

N3 G01 Z－21.0 F1000；

N4 G04 P2000；

N5 G00 Z21.0；

N6 X30.0 Y－50.0；

N7 G01 Z－41.0；

N8 G00 Z41.0；

N9 X50.0 Y30.0；

N10 G01 Z－25.0；

N11 G04 P2000；

N12 G00 Z57.0 H0；

N13 X－200.0 Y－60.0；

N14 M02；

**3. 任务实施**

（1）工艺分析　零件需加工 8 个螺纹孔，选取零件表面正中心为工件坐标系原点。

（2）加工顺序　装夹，找正→对刀→中心钻钻中心孔→麻花钻钻 8 × M10 螺纹底孔→丝锥攻 8 × M10 螺纹孔。

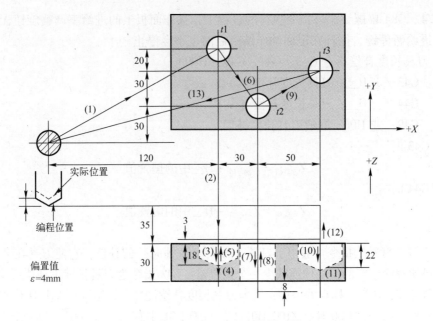

图 4-22　镗孔刀具长度补偿示例

（3）工件装夹　采用机用虎钳装夹的方法，底部用垫块垫起，装夹高度为 10 mm。
（4）刀具选择　数控加工刀具卡见表 4-6。

表 4-6　数控加工刀具卡片

| 产品名称或代号 | | ××× | | 零件名称 | 凹槽板 | 零件图号 | ××× |
|---|---|---|---|---|---|---|---|
| 序 号 | 刀 具 号 | 刀具规格及名称 | 数 量 | 加工表面 | 刀尖半径 | 刀尖方位 T | 备注 |
| 1 | T01 | A2 中心钻 | 1 | 钻 8 个中心孔 | | | |
| 2 | T02 | $\phi$8.5 mm 麻花钻 | 1 | 钻 8 个 M10 螺纹孔 | | | |
| 3 | T03 | M10 机用丝锥 | 1 | M10 螺纹孔 | | | |
| 编制 | ××× | 审核 | ××× | 批准 | ××× | 共　页 | 第　页 |

（5）加工工艺卡　任务中的零件加工工步及切削用量见表 4-7。

表 4-7　数控加工工艺卡片

| 单 位 名 | | 产品名称或代号 | | 零件名称 | | 零件图号 | |
|---|---|---|---|---|---|---|---|
| ××× | | ××× | | 凹槽板 | | ××× | |
| 工序号 | 程序编号 | 夹具名称 | | 使用设备 | | 车间 | |
| 001 | ××× | 机用虎钳 | | 数控铣床 | | ××× | |
| 工步号 | 工步内容 | 刀具号 | 刀具规格及名称 | 主轴转速/（r/min） | 进给速度/（mm/min） | 背吃刀量 | 备注 |
| 1 | 钻 8 个 M10 中心孔 | T01 | A2 中心钻 | 800 | 60 | | 自动 |
| 2 | 钻 8 个 M10 底孔 | T02 | $\phi$8.5 mm 麻花钻 | 250 | 60 | | 自动 |
| 3 | 攻螺纹 | T03 | M10 机用丝锥 | 100 | 200 | | 自动 |
| 编制 | ××× | 审核 | ××× | 批准 | ××× | 年　月　日 | 共　页　第　页 |

（6）程序编制　加工螺纹零件的数控加工程序如下：

O1070；

N010　G54 G90 G94 G21 G17 G40 G49 G80；

N020　M03 S800；

N030　M08；

N040　T0101；

N050　G43 G00 Z100 H01；

N060　G00 X22.5 Y0；

N070　G00 Z20；

N080　G99 G81 X22.5 Y0 Z－2 R5 F60；

N090　G16 Y45；

N100　Y90；

N110　Y135；

N120　Y180；

N130　Y225；

N140　Y270；

N150　Y315；

N160　G15 G80 G00 Z200；

N170　G49 G00 Z0；

N180　M09；

N190　M05；

N200　M00；

N210　G54 G90 G94 G21 G17 G40 G49；

N220　M03 S250；

N230　M08；

N240　T0202；

N250　G43 G00 Z100 H02；

N260　G00 X22.5 Y0；

N270　G00 Z20；

N280　G99 G83 X22.5 Y0 Z－10 R5 Q3 F60；

N290　G16 Y45；

N300　Y90；

N310　Y135；

N310　Y135

N320　Y180；

N330　Y225；

N340　G99 G83 X22.5 Y0 Z－10 R5 Q3 F60；

N350　Y270；

N360　Y315；

N370　G15 G80 Z200；

N380　G49 G00 Z0；

N390　M09；

N400　M05；

N410　M00；

N420　G54 G90 G94 G21 G17 G40 G49；

N430　M03 S100；

N440　M08；

N450　T0303；

N460　G43 G00 Z100 H03；

N470　G00 X22.5 Y0；

N480　G00 Z20；

N490　M29 S100；

N500　G99 G84 X22.5 Y0 Z－8 R5 Q4 F200；

N510　G16 Y45；

N520　Y90；

N530　Y135；

N540　Y180；

N550　Y225；

N560　Y270；

N570　Y315；

N580　G15 G80 G00 Z200；

N590　G49 G00 Z0；

N600　M09；

N610　M05；

N620　M30；

# 任务4.4　圆弧槽铣削加工程序编制

## 1. 任务分析

如图4-23所示，试编写圆弧槽铣削加工程序。

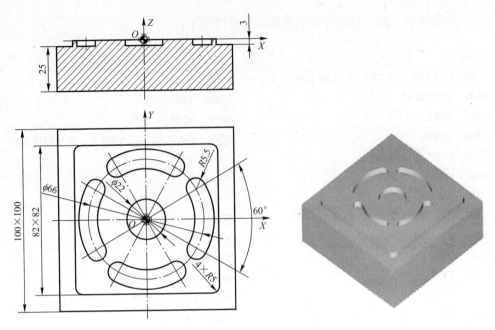

图 4-23　圆弧槽零件铣加工

### 2. 相关知识

（1）子程序调用。有时在被加工零件上，有多个形状和尺寸都相同的部位，若按通常的方法编程，则会有一定量的连续程序段在几处完全重复出现的现象，则可以将这些重复的程序段单独地列出来并按一定的格式做成子程序，而在程序中子程序以外的部分便称为主程序。

在子程序中，如果控制系统在读到 M99 指令以前就读到 M02 或 M30 指令，则程序停止。

子程序编程举例：编写如图 4-24 所示薄板零件的加工程序，立铣刀直径为 ϕ20 mm，程序见表 4-8。

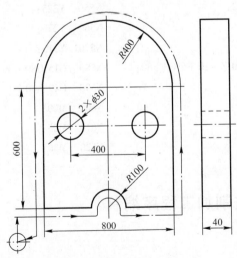

图 4-24　薄板零件

表 4-8　加工程序

| 程　序 | 注　释 | 程　序 | 注　释 |
|---|---|---|---|
| O1000 | 程序代号 | O1010 | 子程序代号 |
| N010 G90 G54 G00 X－50 Y－50; | G54 加工坐标系, 快速进给到 X＝－50mm, Y＝－50mm | N010 G42 G01 X－30 Y0 F300 H22 M08; | 直线插补, 且刀具半径右补偿 H22 ＝10mm |
| N020 S800 M03; | 主轴正转, 转速为 800r/min | N020 X300; | 直线插补至 X＝300mm, Y＝0 |
| N030 G43 G00 H12; | 刀具长度补偿 H12＝20mm | N030 G02 X500 R100; | 圆弧插补至 X＝500mm, Y＝0 |
| N040 G01 Z－20 F300; | Z 轴工进至 Z＝－20mm | N040 G01 X800; | 直线插补至 X＝800mm, Y＝0 |
| N050 M98 P1010; | 调用子程序 O1010 | N050 Y600; | 直线插补至 X＝800mm, Y＝600mm |
| N060 Z－45 F300; | Z 轴工进至 Z＝－45mm | N060 G03 X0 R400; | 逆圆插补至 X＝0, Y＝600mm |
| N070 M98 P1010; | 调用子程序 O1010 | N070 G01 Y－30; | 直线插补至 X＝0, Y＝－30mm |
| N080 G49 G00 Z300; | Z 轴快移至 Z＝300mm | N080 G40 G01 X－50 Y－50; | 直线插补, 取消刀具半径右补偿 |
| N090 G28 Z300; | Z 轴返回参考点 | N090 M09; | 切削液关 |
| N100 G28 X0 Y0; | X、Y 轴返回参考点 | N100 M99; | 子程序结束并返回主程序 |
| N110 M30; | 主程序结束 | | |

（2）比例缩放指令 G50、G51

格式：G51 X_Y_Z_P_;　　缩放开始

　　　　…

　　　G50;　　　　　　　缩放取消

说明：G51 指令中的 X、Y、Z 给出的是缩放中心的坐标值，P 为缩放倍数。G51 指令既可指定平面缩放，也可指定空间缩放。使用 G51 指令可用一个程序加工出形状相同、尺寸不同的工件。

G51、G50 指令为模态指令，可相互注销，G50 为默认指令。

注意：有刀补时，要先进行缩放，然后进行刀具长度补偿或半径补偿。

【例 4-4】如图 4-25 所示，零件第二层三角形凸台 *ABC* 的顶点坐标为 *A*(10,10)，*B*(90,10)，*C*(50,90)，若第一层三角形凸台是在第二层三角形凸台基础上以点（50，30）为比例缩放中心、比例缩放系数为 0.5 进行缩放的，则加工程序如下：

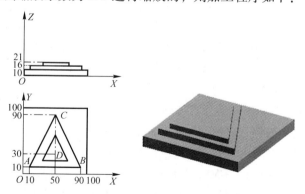

图 4-25　三角形凸台

O3234;　　　　　　　　　　　　　　　　主程序

N10 G54 G90 G00 X0 Y0 Z100;　　　　　建立工件坐标系

| | |
|---|---|
| N20 M03 S1000; | 主轴正转,转速为 1000 r/min |
| N30 G00 X - 20 Y10; | 快速定至(X - 20.0,Y10)的位置 |
| N40 Z30 M08; | 快速定至 Z = 30 mm 的位置,打开切削液 |
| N50 G01 Z16 F100; | 直线插补至 Z = 16 mm 的位置 |
| N30 G51 X0 Y0 P0.5; | 比例缩放 0.5 |
| N40 M98 P1111; | 调用子程序 |
| N50 G50; | 取消比例缩放 |
| N60 G00 X - 20 Y10; | 快速定至(X - 20.0,Y10)的位置 |
| N70 G01 Z10 F100; | 直线插补至 Z = 10 mm 的位置 |
| N80 M98 P1111; | 调用子程序 |
| N90 G00 Z100; | 快速定至 Z = 100 mm 的位置 |
| N100 G40 X0 Y0; | 取消刀补 |
| N110 M05; | 主轴停转 |
| N120 M30; | 主程序结束 |
| O1111; | 子程序 |
| N10 G42 G01 X0 D01; | 建立右刀补 |
| N20 X90; | 直线插补至 X = 90 mm 的位置 |
| N30 X50 Y90; | 直线插补至(X50,Y90)的位置 |
| N40 X10 Y10; | 直线插补至(X10,Y10)的位置 |
| N50 Y - 10; | 直线插补至 Y = - 10 mm 的位置 |
| N60 G00 Z30; | 快速定至 Z = 30 mm 的位置 |
| N70 M99; | 返回主程序 |

(3) 镜像功能指令 G51.1、G50.1　FANUC 数控系统的镜像功能对编程很有用,可以实现子程序的复用,以节省编程时间,提高了工作效率。

格式: G51.1　X_Y_Z_;

G50.1　X_Y_Z_;

说明: G51.1 指令用于建立镜像,由指令坐标轴后的坐标值指定镜像位置(对称轴、线、点),G50.1 指令用于取消镜像。

对 Y 轴镜像的程序为 "G51.1 X0;",系统以 Y 轴为轴线做镜像运动,若程序为 "G51.1 X10;",则系统以垂直于 X 轴过 (X10,Y0) 点的直线为轴线做镜像运动。对 X 轴镜像的程序为 "G51.1 Y0;",系统以 X 轴为轴线做镜像运动,若程序为 "51.1 Y10;",则系统以垂直于 Y 轴且过 (X0,Y10) 的直线为轴线做镜像运动。对 Y 轴和 X 轴镜像程序为 "G51.1 X0 Y0;",其效果相当于绕原点旋转。

取消任意 X_ 的镜像效果,要用 "G50.1 X_;" 程序(X 使用任何值都可以,此处的 X 可以和 "G51.1 X_;" 程序里的 X 取不同的值);取消任意 Y_ 的镜像效果,要用 "G50.1 Y_;" 程序(Y 使用任何值都可以);"G50.1 X0 Y0;" 程序则会取消所有镜像。

G51.1 及 G50.1 指令为模态指令,可相互注销,G50.1 为默认指令。

【例 4-5】如图 4-26 所示,在 200 mm × 200 mm × 50 mm 的长方体上,加工四个相同的型腔,走刀路线如图 4-27 所示,编写其加工程序。

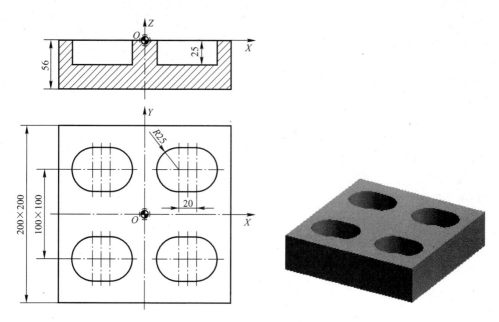

图 4-26 型腔零件

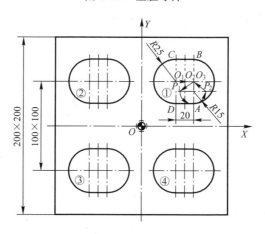

图 4-27 走刀路线

```
O3234；                              主程序
N10 G54 G90 G00 X0 Y0 Z100；
N20 M03 S1000；
N30 M98 P1111；                      型腔①
N40 G51.1 X0；
N50 M98 P1111；                      型腔②
N60 G50.1；
N70 G51.1 X0 Y0；
N80 M98 P1111；                      型腔③
N90 G50.1；
N100 G51.1 Y0；
N110 M98 P1111；                     型腔④
```

N120 G50.1；

N130 G00 Z100 M09；

N140 M05；

N150 M30；

O1111；                           子程序

N10 G00 X40 Y50；

N20 G43 Z5 H01 M08

N30 G01 Z-25 F30；

N40 X60 F100；

N50 G41 X45 Y40 D01；

N60 G03 X60 Y25 R15；

N70 G03 X60 Y75 R25；

N80 G01 X40 Y75；

N90 G03 X40 Y25 R25；

N100 G01 X60 Y25；

N110 G03 X75 Y40 R15；

N120 G01 G40 X60 Y50；

N130 G43 G00 Z10；

N140 X0 Y0；

N150 M99；

（4）坐标系旋转指令 G68、G69

格式：G68 X__ Y__ R__；    坐标系开始旋转

        ……

        G69；           坐标系旋转取消指令

说明：

① G68 指令以给定的 X、Y 值为旋转中心，将坐标系旋转角度 R。若 X、Y 值省略，则以工件坐标系原点为旋转中心。

例如："C68 R60；"程序表示以工件坐标系原点为旋转中心，将坐标系逆时针旋转 60°。

"G68 X15 Y15 R60.；"程序表示以坐标（15，15）为旋转中心，将坐标系逆时针旋转 60°。

② G69 指令为坐标系旋转取消指令，它与 G68 指令成对出现。

【例 4-6】 如图 4-28 所示的圆弧台零件，试编写加工三个相同的圆弧凹面程序。

O2234；                 主程序

N10 G54 G90 G00 X0 Y0 Z100；    设定工件坐标系

N20 M03 S1000；           主轴正转，转速为 1000 r/min

N30 M98 P1111             调用子程序

N40 G68 X0 Y0 R120；        坐标系逆时针旋转 120°

N50 M98 P1111；           调用子程序

N60 G68 X0 Y0 R240；        坐标系逆时针旋转 240°

N70 M98 P1111；           调用子程序

N80 G69；                取消坐标系旋转

| N90 G00 Z100; | 快速定位至 Z = 100 mm 的位置 |
|---|---|
| N100 G40 X0 Y0; | 取消刀补 |
| N1100 M05; | 主轴停转 |
| N120 M30; | 主程序结束 |
| O1111; | 子程序 |
| N10 G00 X40; | 快速定位至 X = 40 mm 的位置 |
| N20 Z5 M08; | 快速定位至 Z = 5 mm 的位置, 打开切削液 |
| N30 G01 Z – 5 F100; | 直线插补至 Z = – 5 mm 的位置 |
| N40 G41 X40 Y25 D01; | 建立左刀补 |
| N50 G03 X40 Y – 25 R25; | 逆时针圆弧插补, 加工 R25 圆弧 |
| N60 G40 G00 X40 Y0; | 取消刀补 |
| N70 Z10; | 快速定位至 Z = 10 mm 的位置 |
| N80 M99; | 返回主程序 |

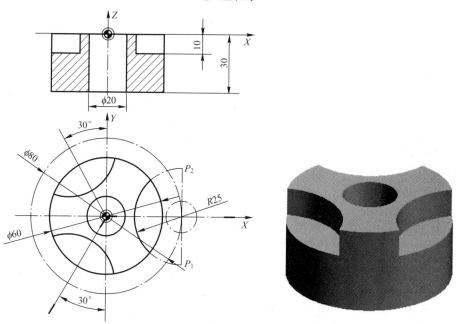

图 4-28　圆弧台

## 3. 任务实施

（1）工艺参数见表 4-9。

表 4-9　工艺参数

| 工序 | 程序编号 | 夹具名称 | | 使用设备 | | 车间 | |
|---|---|---|---|---|---|---|---|
| 001 | ××× | 机用虎钳 | | 数控铣床 | | ××× | |
| 工步 | 工步内容 | 刀具 | 刀具规格 | 主轴转速 s/(r/min) | 进给 f/(mm/min) | 切削深度/mm | 备注 |
| 1 | 铣平面 | T01 | φ80 mm 面铣刀 | 1000 | 120 | 2.8 | |
| 2 | 铣内圆 | T02 | φ16 mm 圆柱立铣刀 | 1200 | 80 | 0.2 | |
| 3 | 铣 4 个圆弧槽 | T03 | φ10 mm 键槽铣刀 | 1200 | 80 | 0.2 | |
| 编制 | | 审核 | 批准 | | 年　月　日 | 共　页　第　页 | |

（2）加工程序如下：

O0001；                          主程序名（ϕ80 mm 面铣刀铣平面）
N10 G54 S600 M03 T01；           设定工件坐标系，主轴正转转速为 600 r/min
N20 G00 X – 100 Y – 15；          快速移动点定位
    Z0.2；                        快速下降至 Z = 0.2 mm
N30 G01 X100 F120；              直线插补粗铣平面
    Y60 F2000；                   直线移动定位
    X – 100 F120；                直线插补粗铣平面
    X – 100 Y – 15 F2000；        直线移动定位
    Z0；                          直线移动下降至 Z = 0
N40 S800 M03；                   精铣主轴正转转速为 800 r/min
N50 G01 X100 F80；               直线插补精铣平面
    Y60 F2000；                   直线移动定位
    X – 100 F80；                 直线插补精铣平面
N60 G00 Z100；                   快速抬刀
    X – 100 Y0；
N70 M05；                        主轴停止
N80 M30；                        程序结束返回程序头
O0003；                          主程序名（铣内圆）
N10 G56 S1000 M03 T03；          设定工件坐标系，主轴正转转速为 1000 r/min
N20 G00 X0 Y0 Z10；              快速移动点定位
N30 G01 Z – 2.8 F100；           直线插补下降至 Z = – 2.8 mm，进行粗铣
    X5.8 F150；                   直线插补
N40 G03 I – 5.8 J0；             逆时针圆弧插补铣圆
N50 S1200 M03；                  主轴正转转速为 1200 r/min
N60 G01 Z – 3 F120；             直线插补下降至 Z = – 3 mm，进行精铣
    X6；                          直线插补
N70 G03 I – 6 J0；               逆时针圆弧插补铣圆
N80 G01 X0 Y0；                  直线插补
N90 G00 Z100；                   抬刀
N100 M05；                       主轴停止
N110 M30；                       程序结束返回程序头
O0004；                          主程序名（铣 4 个圆弧槽）
N10 G56 G69 G40 G50.1 S1000 M03 T03；  设定工件坐标系，主轴正转转速为 1000 r/min
N20 G00 X0 Y0 Z10；              快速移动点定位
N30 M98 P0044；                  调用子程序铣一个圆弧槽
N40 G68 X0 Y0 R90；              坐标系旋转 90°
N50 M98 P0044；                  调用子程序铣第二个圆弧槽
N60 G69；                        取消坐标系旋转
N70 G51.1 X0；                   以 Y 轴做镜像
N80 M98 P0044；                  调用子程序铣第三个圆弧槽
N90 G50.1 X0；                   取消以 Y 轴做镜像

| | |
|---|---|
| N100 G68 X0 Y0 R270； | 坐标系旋转270° |
| N110 M98 P0044； | 调用子程序铣第四个圆弧槽 |
| N120 G69； | 取消坐标系旋转 |
| N130 M05； | 主轴停止 |
| N140 M30； | 程序结束返回程序头 |
| O0044； | 子程序名(铣圆弧槽) |
| N10 S1000 M03； | 主轴正转转速为1000 r/min |
| N20 G00 X22.5 Y-10； | 快速移动点定位 |
| N30 G00 G42 D01 Y0； | 建立刀具右补偿进行粗铣,D01=5.2 mm |
| N40 G01 Z-2.8 F100； | |
| N50 G03 X19.486 Y11.25 R22.5 F150； | |
| N60 G02 X29.012 Y16.75 R-5.5； | |
| N70 G02 X29.012 Y-16.75 R33.5； | |
| N80 G02 X19.486 Y-11.25 R-5.5； | |
| N90 G03 X22.5 Y0 R22.5； | |
| N100 G00 Z10； | 抬刀 |
| N110 G00 G40 X22.5 Y-10； | 取消刀具右补偿 |
| N120 G00 G42 D02 Y0； | 建立刀具右补偿进行精铣 D02=5 mm |
| N130 S1200 M03； | 主轴正转转速为1200 r/min |
| N140 G01 Z-3 F120； | |
| N150 G03 X19.486 Y11.25 R22.5； | |
| N160 G02 X29.012 Y16.75 R-5.5； | |
| N170 G02 X29.012 Y-16.75 R33.5； | |
| N180 G02 X19.486 Y-11.25 R-5.5； | |
| N190 G03 X22.5 Y0 R22.5； | |
| N200 G00 Z10； | 抬刀 |
| N210 G00 G40 X0 Y0； | 取消刀具右补偿 |
| N220 M99； | 子程序结束返回主程序 |

## 任务4.5  连杆轮廓精加工程序编制

**1. 任务分析**

某连杆零件如图4-29所示，要求对该连杆的轮廓进行精加工，试编写程序。

**2. 相关知识**

（1）高速切削加工概述  高速切削加工是模具制造中最重要的一项先进制造技术，也是集高效、优质、低耗于一身的先进制造技术。在常规切削加工中备受困扰的一系列问题，通过高速切削加工的应用都得到了解决。其切削速度、进给速度相对于传统的切削加工，有了极大的提高，切削机理也发生了根本的变化。与传统切削加工相比，高速切削加工发生了本质性的飞跃，其单位功率的金属切除率提高了30%~40%，切削力降低了30%，刀具的切削寿命提高了70%，留于工件的切削热大幅度降低，低阶切削振动几乎消失。

随着切削速度的提高，单位时间内毛坯材料的去除率增加，切削时间减少，加工效率提

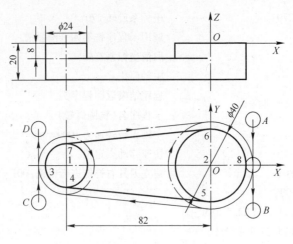

图 4-29　连杆零件

高，从而缩短了产品的制造周期，提高了产品的市场竞争力。同时，高速切削加工的小量快进使切削力减少，切屑的高速排出也减少了工件的切削力和热应力变形，提高了刚性差和薄壁零件切削加工的可能性。由于切削力的降低，转速的提高使切削系统的工作频率远离机床的低阶固有频率，而工件的表面粗糙度对机床的低阶固有频率最为敏感，由此降低了表面粗糙度值。

在高淬硬钢（HRC45～65）模具的加工过程中，采用高速切削可以取代电加工和磨削抛光的工序，避免了电极的制造和费时的电加工时间，大幅度减少了钳工的打磨与抛光量。一些市场上越来越需要的薄壁模具工件，高速铣削可顺利完成，而且在高速铣削 CNC 加工中心上，模具一次装夹可完成多工步加工。因此，高速铣削加工在资金回转要求快、交货时间紧急、产品竞争激烈的模具等行业中的应用是非常适宜的。

高速切削加工系统主要由可满足高速切削的高速加工中心、高性能的刀具夹持系统、高速切削刀具、安全可靠的高速切削 CAM 软件系统等构成，因此，高速切削加工实质上是一项大的系统工程。随着切削刀具技术的进步，高速切削加工除广泛地应用于汽车和电子元件产品中的冲压模、注塑模具等零件的加工，还可以应用于加工合金钢（HRC＞30）。高速切削加工的定义依赖于被加工工件的材料类型，例如，高速切削加工合金钢采用的切削速度为500 m/min，而这一速度在加工铝合金时为常规采用的顺铣速度。

随着高速切削加工的应用范围扩大，对新型刀具材料的研究、刀具设计结构的改进、数控刀具路径新策略的产生和切削条件的改善等也有所提高。而且，切削过程的计算机辅助模拟技术也出现了，这项技术对预测刀具温度及应力、延长刀具使用寿命很有意义。该技术在铸造、冲模、热压模和注塑模加工的应用代表了铸铁、铸钢和合金钢高速切削加工应用范围的扩大。工业领先的国家在冲模和铸模制造方面的研制时间大部分耗费在机械加工和抛光加工工序上，冲模或铸模的机械加工和抛光加工约占整个加工费用的2/3，而高速铣削加工技术可正好用来缩短研制周期，降低加工费用。

（2）高速加工工艺

1）刀具的选择。通常选用立铣刀进行铣削加工，在高速铣削中一般不推荐使用平底立铣刀。平底立铣刀在切削时刀尖部位由于流屑的干涉，切屑变形大，同时有效切削刃长度最短，导致刀尖受力大、切削温度高，且加快刀具的磨损。在工艺允许的条件下，尽量采用刀尖圆弧半径较大的刀具进行高速铣削加工。

在高速铣削加工时通常采用刀尖圆弧半径较大的立铣刀，且轴向切深一般不宜超过刀尖圆弧半径；径向切削深度的选择和加工材料有关，对于铝合金之类的轻合金为提高加工效率可以采用较大的径向铣削深度，对于钢及其他加工性稍差的材料宜选择较小的径向铣削深度，以减缓刀具的磨损。

2）切削参数选择。由于球头铣刀实际参与切削部分的直径和加工方式有关，因此在选择切削用量时必须考虑其有效直径和有效线速度。应用球头铣刀进行曲面精加工时，为获得较好的表面粗糙度，应减少或省去手工抛光，径向铣削深度最好和每齿进给量相等，在这种参数下加工出的表面纹理比较均匀，而且表面质量很高。

高速铣削加工用量的确定主要考虑加工效率、加工表面质量、刀具磨损以及加工成本。不同刀具加工不同工件材料时，加工用量会有很大差异，目前尚无完整的加工数据，用户可根据实际选用的刀具和加工对象，并参考刀具厂商提供的加工用量进行选择。一般的选择原则是中等的每齿进给量 $f_z$，较小的轴向切深 $a_p$，适当大的径向切深 $a_e$，高的切削速度。例如，加工淬硬钢（HRC48 ~ 58）时，粗加工时选 $v = 100$ m/min，$a_p = (6\% ~ 8\%) D$，$a_e = (35\% ~ 40\%) D$，$f_z = 0.05 ~ 0.1$ mm/齿；半精加工时选 $v = 150 ~ 200$ m/min，$a_p = (3\% ~ 4\%) D$，$a_e = (20\% ~ 40\%) D$，$f_z = 0.05 ~ 0.15$ mm/齿；精加工时选 $v = 200 ~ 250$ m/min，$a_p = 0.1 ~ 0.2$ mm，$a_e = 0.1 ~ 0.2$ mm，$f_z = 0.02 ~ 0.2$ mm/齿。

（3）高速切削加工对数控编程系统的要求　高速切削加工对数控编程系统的要求越来越高，价格昂贵的高速切削加工设备对软件提出了更高的安全性和有效性要求。高速切削加工有着比传统切削特殊的工艺要求，除了要有高速切削机床和高速切削刀具外，具有合适的CAM编程系统也是至关重要的。数控加工的数控指令包含了所有的工艺过程，一个优秀的高速加工CAM编程系统应具有很高的计算速度、较强的插补功能、全程自动过切检查及处理能力、自动刀柄与夹具干涉检查、进给率优化处理功能、待加工轨迹监控功能、刀具轨迹编辑优化功能和加工残余分析功能等。高速切削加工编程首先要注意加工方法的安全性和有效性；其次，要尽一切可能保证刀具轨迹光滑平稳，这会直接影响加工质量和机床主轴等零件的寿命；最后，要尽量使刀具载荷均匀，这会直接影响刀具的寿命。

1）CAM编程系统应具有很高的计算编程速度。高速切削加工中采用非常小的切给量与切深，故高速切削加工的NC程序比对传统数控加工程序要复杂得多，因而要求计算速度要快，要方便节约刀具轨迹的编辑，优化编程的时间。

2）全程自动防过切处理能力及自动刀柄干涉检查能力。高速切削加工以传统加工近10倍的切削速度进行加工，因此一旦发生过切，对机床、产品和刀具将产生灾难性的后果，所以要求其CAM编程系统必须具有全程自动防过切处理的能力。高速切削加工的重要特征之一就是能够使用较小直径的刀具加工模具的细节结构。系统能够自动提示最短夹持刀具的长度，并自动进行刀具干涉检查。

3）丰富的高速切削刀具轨迹策略。高速切削加工对加工工艺走刀方式有着特殊要求，因而要求CAM编程系统能够满足这些特定的工艺要求。为了能够确保最大的切削效率，又保证在高速切削加工时加工的安全性，CAM编程系统应能根据加工瞬时余量的大小，自动对进给率进行优化处理，以确保高速切削加工刀具受力状态的平稳性，从而提高刀具的使用寿命。

**3. 任务实施**

（1）刀具选择　采用 $\phi16\,mm$ 的立铣刀。

（2）安全面高度　安全面高度为 $10\,mm$。

（3）工艺路线安排　采用刀具半径补偿功能，由点 A 进刀，再由点 B 退刀，加工直径为 $\phi40\,mm$ 的圆；由点 C 进刀，再由点 D 退刀加工直径为 $\phi24\,mm$ 的圆；然后由点 A 进刀，再由点 B 退刀，加工整个轮廓。

（4）编程计算　连杆轮廓特征点的计算结果如下：

点 1：$X = -82\,mm$，$Y = 0$。

点 2：$X = 0$，$Y = 0$。

点 3：$X = -94\,mm$，$Y = 0$。

点 4：$X = -83.165\,mm$，$Y = -11.943\,mm$。

点 5：$X = -1.951\,mm$，$Y = -19.905\,mm$。

点 6：$X = -1.951\,mm$，$Y = 19.905\,mm$。

点 7：$X = -83.165\,mm$，$Y = 11.943\,mm$。

点 8：$X = 20$，$Y = 0$。

（5）数控加工程序

| 程序 | 说明 |
|---|---|
| O0002； | 程序名 |
| N10 G54 G90 G00 X28 Y20； | 建立工件坐标系,快速移动到点 A |
| N15 G43 H01 Z10； | 刀具长度补偿,快速至安全高度 |
| N20 S1000 M03 M08； | 起动主轴和打开切削液 |
| N40 G01 Z-8 F200； | 下刀至 $-8\,mm$ 高度处 |
| N50 G41 X20 Y0 H01 F100； | 刀具半径左补偿,切向进刀至点 8 |
| N60 G02 Y0 I-20 J0； | 圆弧插补铣直径为 $\phi40\,mm$ 的圆 |
| N70 G40 G01 X28 Y-20； | 取消刀补,切向退刀至点 B |
| N80 G00 Z10； | Z 向退刀至安全高度 |
| N90 X-102 Y-20； | 快速移动到点 C |
| N100 G01 Z-8 F200； | 下刀至 $-8\,mm$ 高度处 |
| N110 G41 X-94 Y0 H01 F100； | 刀具半径左补偿,切向进刀至点 3 |
| N120 G02 I12 J0； | 圆弧插补铣直径为 $\phi24\,mm$ 的圆 |
| N130 G40 G01 X102 Y20； | 取消刀补,切向退刀至点 D |
| N140 G00 Z10； | Z 向退刀至安全高度 |
| N150 G00 X28 Y20； | 快速移动到点 A |
| N160 G01 Z-21 F200； | 下刀至 $-21\,mm$ 高度处 |
| N170 G41 X20 Y0 H01 F100； | 刀具半径左补偿,切向进刀至点 8 |
| N180 G02 X-1.951 Y-19.905 I-20 J0； | 圆弧插补至点 5 |
| N190 G01 X-83.165 Y-11.943； | 直线插补至点 4 |
| N200 G02 Y11.943 I1.165 J11.943； | 圆弧插补至点 7 |
| N210 G01 X-1.951 Y19.905； | 直线插补至点 6 |
| N220 G02 X20 Y0 I1.195 J19.905； | 圆弧插补至点 8 |
| N230 G40 G01 X28 Y-20； | 取消刀补,切向退刀至点 B |

| N240 G00 Z10 M05 M09; | Z 向退刀至安全高度,主轴停止,关闭切削液 |
|---|---|
| N250 G91 G49 G28 Z0; | 取消长度补偿,Z 轴返回参考点 |
| N260 G28 X0 Y0; | X、Y 轴返回参考点 |
| N270 M30; | 程序结束 |

## 任务 4.6    腰形槽底板加工程序编制与加工实例

### 1. 任务分析

腰形槽底板如图 4-30 所示,按单件生产安排其数控铣削工艺,编写出加工程序。毛坯尺寸为(100 ± 0.027) mm ×(80 ± 0.023) mm × 20 mm, 长度方向侧面对宽度侧面及底面的垂直度公差为 0.03 mm, 零件材料为 45 钢,表面粗糙度 $Ra$ 值为 3.2 μm。

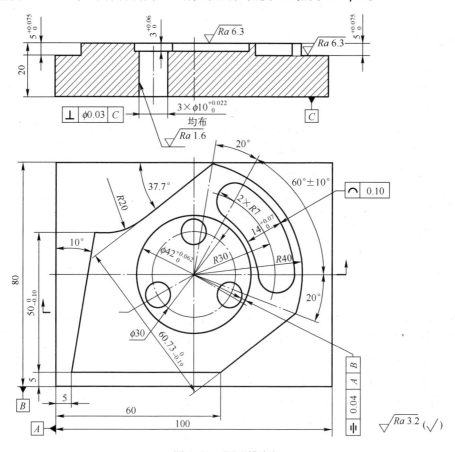

图 4-30    腰形槽底板

### 2. 相关知识

（1）粗加工数控编程    粗加工在高速切削加工中所占的比例要比在传统加工中多。在高速切削加工中,粗加工的作用就是要比传统加工为半精加工、精加工留有更均衡的余量。粗加工的结果直接决定了精加工过程的难易程度和工件的加工质量。可以这样说,高速切削加工改变了 CAM 策略,要更加重视粗加工,粗加工甚至比精加工的作用更加重要。因此,在粗加工过程中,要着重考虑以下几个方面：

1）恒定的切削条件。为保持恒定的切削条件，一般主要采用顺铣方式，或采用在实际加工点计算加工条件等方式进行粗加工。在高速切削加工过程中采用顺铣方式，可以产生较少的切削热，降低刀具的负载，降低甚至消除了工件的加工硬化，以及获得较好的表面质量等。

2）恒定的金属去除率。在高速切削的粗加工过程中，保持恒定的金属去除率，可以获得以下的加工效果：保持恒定的切削负载；保持切屑尺寸的恒定；较好的进行热转移，使刀具和工件均保持在较冷的状态。

3）走刀方式的选择。对于带有敞口型腔的区域，尽量从材料的外面走刀，以实时分析材料的切削状况；而对于没有型腔的封闭区域，则采用螺旋进刀，在局部区域切入。

4）尽量减少刀具的切入次数。由于之字形模式主要应用于传统加工，因此在高速加工中选择回路或单一路径切削。这是因为在换向时 NC 机床必须立即停止（紧急降速），然后再执行下一步操作。由于机床加速的局限性，而容易造成时间的浪费。因此选择单一路径切削模式来进行顺铣，尽可能地不中断切削过程和刀具路径，尽量减少刀具的切入及切出次数，以获得相对稳定的切削过程。

5）尽量减少刀具的急速换向。由于进给量和切削速度非常高，编程人员必须预测刀具是如何切削材料的，除了降低步距和切削深度以外，还要避免可能的加工方向的急剧改变。急速换向的地方要减慢速度，急停或急动则会破坏表面精度，且有可能因为过切而产生拉刀或在外拐角处咬边。尤其在三维型面的加工过程中，要注意一些复杂的细节或拐角处切削形貌的产生，而不是仅仅设法采用平行之字形切削、单向切削或其他的普通切削等方式来生成所有的形貌。

通常，切削过程越简单越好，这是因为简单的切削过程可以允许最大的进给量，而不必因为数据点的密集或方向的急剧改变而降低速度。从一种切削层等变率地降到另一切削层要好于直接跃迁，采用类似于圈状或圆弧的路线将每一条连续的刀具路径连接起来，可以尽可能地减小加速度的加减速突变。

6）在 Z 方向切削连续的平面。粗加工所采用通常是在 Z 方向上切削连续的平面，这种切削遵循了高速切削加工理论，采用了比常规切削更小的步距，从而降低每齿切削去除量。当采用这种粗加工方式时，根据所使用刀具的正常圆角几何形状，利用 CAM 编程系统计算它在 Z 方向上的水平路径是很重要的。若使用一把非平头刀具进行粗加工，则需要考虑加工余量的三维偏差。根据精加工余量的不同，三维偏差和二维偏差也不相同。

（2）精加工数控编程 在高速切削加工的精加工过程中，保证精加工余量的恒定至关重要。为保证精加工余量的恒定，主要注意以下几个方面：

1）笔式铣削。在半精加工之前为了清理拐角，在过去典型的方法就是选择组成拐角的两个表面，沿着两表面的交界处走刀。采用该方法可以处理一些小型的或简单的工件，也可以在有充足时间编程的情况下处理复杂结构。但是，由于需要手工选择不同尺寸的刀具和切削所有的拐角，很多时候会选择预先进行这步工作，因此，在高速切削加工中可能会产生危险。

笔式铣削采用的策略为，首先找到先前大尺寸刀具加工后留下的拐角和凹槽，然后自动沿着这些拐角走刀，允许用户采用半径越来越小的刀具，直到刀具的半径与三维拐角或凹槽的半径相一致。理想的情况下，可以通过一种优化的方式跟踪多种表面，以减少加工路径的重复。

笔式铣削的这种功能，在期望保持切屑去除率为常量的高速切削加工中是非常重要的。缺少了笔式铣削，当精加工这些带有侧壁和腹板的部件时，刀具走到拐角处将会产生较大的金属去除率。采用笔式铣削，拐角处的切削难度被降低，减少了让刀量和噪声的产生，该方法既可用于顺铣又可用于逆铣。

由于笔式铣削能够清除拐角处的多余量，当去除量较大的时候，通常在三维精加工之前进行笔式铣削。机床操作人员和 NC 编程人员可以根据增大的金属去除率来适当地降低笔式铣削的进给量，也可以增加沿角头的清根轨迹以去除多余余量。

2）余量铣削。余量铣削类似于笔式铣削，但是又可以应用于精加工操作。其采用的加工思想与笔式铣削相同，余量铣削能够发现并非同一把刀具加工出的三维工件的所有区域，并能采用一把半径较小的刀具加工这些区域。余量铣削与笔式铣削的不同之处在于，余量铣削加工的是大尺寸铣刀加工之后的整个区域，而笔式铣削仅仅针对拐角处的加工。

高速切削加工的一个重要选择就是，其能够计算出垂直或平行于切削区域的切削余量。垂直选择是在剩余切削区域内来回走刀进行切削，而平行选择则将遵从剩余切削区域的加工方向（U−V 线）进行切削。高速切削加工可以适当地应用平行选择，则可以将成百上千的步长数减少到很少的量，从而使加工过程更加有效，也就是说，通过由外向内计算一个型腔，采用顺铣模式，并应用软件在表面上生成的加工步长，可以很好地进行精加工。

3）控制残余高度。在切削三维外形的时候，计算 NC 精加工步长的方法主要是根据残余高度，而不是使用等量步长。这种步长的算法以不同的形式被封装在不同的 CAM 软件包中。过去采用这种功能的优势就是进行一致性表面的精加工，特别表现在打磨和手工精加工任务的需求将越来越少。在高速切削加工中采用对自定义的残余高度进行编程还有另外的好处，根据 NC 精加工路径动态地改变加工步长，可以帮助保持切屑去除率在一个常量水平，这有助于使切削力保持恒定，从而将不希望出现的切削振动控制在最小值。

4）加工轨迹的一致性。保证加工轨迹的一致性能够获得优质的加工表面。不匹配的加工轨迹则使型面产生偏差，而在保证加工轨迹的一致性时，获得质量较高的型面。

**3. 任务实施**

（1）工艺分析

1）工艺分析。该零件包含了外形轮廓、圆形槽、腰形槽和孔的加工，有较高的尺寸精度和垂直度、对称度等几何公差要求。编程前必须详细分析图样中各部分的加工方法及走刀路线，选择合理的装夹方案和加工刀具，保证零件加工精度的要求。

外形轮廓中的 50 mm 和 60.73 mm 两尺寸的上极限偏差都为零，可不必将其转变为对称公差，直接通过调整刀补来达到公差要求；$3 \times \phi 10$ mm 孔的尺寸精度和表面质量要求较高，并对 C 面有较高的垂直度要求，需要铰削加工，并注意以 C 面为定位基准；$\phi 42$ mm 圆形槽有较高的对称度要求，对刀时在 X、Y 方向应采用寻边器碰双边，准确找到工件中心。加工过程如下：

① 外轮廓的粗、精铣削，批量生产时，粗、精加工刀具要分开，本例采用同一把刀具进行。粗加工单边留 0.2 mm 余量。

② 加工 $3 \times \phi 10$ mm 孔和垂直进刀工艺孔。

③ 圆形槽粗、精铣削，采用同一把刀具进行。

④ 腰形槽粗、精铣削，采用同一把刀具进行。

2）刀具与工艺参数选择。详见表4-10、表4-11。

表4-10 数控加工刀具卡　　　　　　　　　　　　　　　　（单位：mm）

| 产品名称 | | | | | | 零件图号 |
|---|---|---|---|---|---|---|
| 零件名称 | | | | | | 程序编号 |
| 序号 | 刀 具 号 | 刀 具 名 称 | 刀 具 直 径 | 补 偿 值 | | 刀补号半径 |
| | | | | 半 径 | 长 度 | |
| 1 | T01 | 立铣刀 | φ20 | 10.2（粗）<br>9.96（精） | | D01 |
| 2 | T02 | 中心钻 | φ3 | | | |
| 3 | T03 | 麻花钻 | φ9.7 | | | |
| 4 | T04 | 铰刀 | φ10 | | | |
| 5 | T05 | 立铣刀 | φ16 | 8.2（半精）<br>7.98（精） | | D05 |
| 6 | T06 | 立铣刀 | φ12mm | 6.1（半精）<br>5.98（精） | | D06 |

表4-11 数控加工工序卡

| 产品名称 | | | | 零件名称 | 材 料 | 零件图号 |
|---|---|---|---|---|---|---|
| 工序号 | 程序编号 | 夹具名称 | 夹具编号 | 设备名称 | 编 制 | 审 核 |
| 工步号 | 工 步 内 容 | 刀 具 号 | 刀 具 规 格 | 主轴转速<br>/（r/min） | 进给速度<br>/（mm/min） | 背吃刀量<br>/mm |
| 1 | 去除轮廓边角料 | T01 | φ20 mm 立铣刀 | 400 | 80 | |
| 2 | 粗铣外轮廓 | T01 | φ20 mm 立铣刀 | 500 | 100 | |
| 3 | 精铣外轮廓 | T01 | φ20 mm 立铣刀 | 700 | 80 | |
| 4 | 钻中心孔 | T02 | φ3 mm 中心钻 | 2000 | 80 | |
| 5 | 钻3×φ10 底孔和<br>垂直进刀工艺孔 | T03 | φ9.7 mm 麻花钻 | 600 | 80 | |
| 6 | 铰2×φ10H7 孔 | T04 | φ10 mm 铰刀 | 200 | 50 | |
| 7 | 粗铣圆形槽 | T05 | φ16 mm 立铣刀 | 500 | 80 | |
| 8 | 半精铣圆形槽 | T05 | φ16 mm 立铣刀 | 500 | 80 | |
| 9 | 精铣圆形槽 | T05 | φ16 mm 立铣刀 | 750 | 60 | |
| 10 | 粗铣腰形槽 | T06 | φ12 mm 立铣刀 | 600 | 80 | |
| 11 | 半精铣腰形槽 | T06 | φ12 mm 立铣刀 | 600 | 80 | |
| 12 | 精铣腰形槽 | T06 | φ12 mm 立铣刀 | 800 | 60 | |

3）装夹方案。用平口虎钳装夹工件，工件上表面高出钳口8 mm 左右。校正固定钳口的平行度以及工件上表面的平行度，确保精度要求。

（2）程序编制　在工件中心建立工件坐标系，将Z轴原点设在工件上表面。

1）外形轮廓铣削。

① 去除轮廓边角料。安装 φ20 mm 立铣刀（T01）并对刀，去除轮廓边角料的程序如下：

O0001；

| | |
|---|---|
| N10 G17 G21 G40 G54 G80 G90 G94 ； | 程序初始化 |
| N20 G00 Z50.0 M07； | 刀具定位到安全平面,打开切削液 |
| N30 M03 S400； | 主轴正转,转速为 400 r/min |
| N40 X – 65.0 Y32.0； | 快速定至(X – 65.0,Y32.0)的位置 |
| N50 Z – 5.0； | 快速定至 Z = – 5 mm 的位置 |
| N60 G01 X – 24.0 F80； | 直线插补至 X = – 24.0 mm 的位置 |
| N70 Y55.0； | 直线插补至 Y = 55.0 mm 的位置 |
| N80 G00 Z50.0； | 快速定至 Z = 50 mm 的位置 |
| N90 X40.0 Y55.0； | 快速定至(X40.0,Y55.0)的位置 |
| N100 Z – 5.0； | 快速定至 Z = – 5 mm 的位置 |
| N110 G01 Y35.0； | 直线插补至 Y = 35.0 mm 的位置 |
| N120 X52.0； | 直线插补至 X = 52.0 mm 的位置 |
| N130 Y – 32.0； | 直线插补至 Y = – 32.0 mm 的位置 |
| N140 X40.0； | 直线插补至 X = 40.0 mm 的位置 |
| N150 Y – 55.0 | 直线插补至 Y = – 55.0 mm 的位置 |
| N160 G00 Z50.0 M09； | 快速定至 Z = 50 mm 的位置,关闭切削液 |
| N170 M05； | 主轴停转 |
| N180 M30； | 程序结束 |

② 粗、精加工外形轮廓。外形轮廓各点坐标及切入、切出路线,如图 4-31 所示,各点坐标如下:$P_0$(15, – 65),$P_1$(15, – 50),$P_2$(0, – 35),$P_3$( – 45, – 35),$P_4$( – 36.184,15),$P_5$( – 31.444,15),$P_6$( – 19.214,19.176),$P_7$(6.944,39.393),$P_8$(37.589, – 13.677),$P_9$(10, – 35),$P_{10}$( – 15, – 50),$P_{11}$( – 15, – 65)。

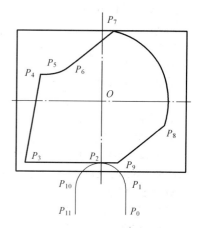

图 4-31 外形轮廓各点坐标及切入切出路线

刀具由 $P_0$ 点下刀,通过 $P_0$ 及 $P_1$ 点的直线建立左刀补,沿圆弧上的 $P_1$ 及 $P_2$ 点切向切入,加工完轮廓后由圆弧上的 $P_2$ 及 $P_{10}$ 点切向切出,通过直线 $P_{10}$ 及 $P_{11}$ 点取消刀补。粗、精加工采用同一程序,通过设置刀补值控制加工余量以达到尺寸要求。外形轮廓的粗、精加工程序如下(程序中切削参数为粗加工参数):

O0002；

| | |
|---|---|
| N10 G17 G21 G40 G54 G80 G90 G94； | 程序初始化 |
| N20 G00 Z50.0 M07； | 刀具定位到安全平面,打开切削液 |
| N30 M03 S500； | 主轴正转,转速为 500 r/min |
| N40 G00 X15.0 Y – 65.0； | 达到 $P_0$ 点 |
| N50 Z – 5.0； | 下刀 |
| N60 G01 G41 Y – 50.0 D01 F100； | 建立刀补,粗加工时刀补设为 10.2 mm,精加工时刀补设为 9.95 mm |
| N70 G03 X0.0 Y – 35.0 R15.0； | 切向切入 |
| N80 G01 X – 45.0 Y – 35.0； | 直线插补至(X – 45.0,Y – 35.0)的位置,铣削外形轮廓 |
| N90 X36.184 Y15.0； | 直线插补至(X36.184,Y15.0)的位置 |

161

N100 X – 31. 444 ;　　　　　　　　直线插补至 X = – 31. 444 mm 的位置
N110 G03 X – 19. 214 Y19. 176 R20. 0；逆时针圆弧插补,加工 R20 圆弧
N120 G01 X6. 944 Y39. 393；　　　直线插补至(X6. 944,Y39. 393)的位置
N130 G02 X37. 589 Y – 13. 677 R40. 0；顺时针圆弧插补,加工 R40 圆弧
N140 G01 X10. 0 Y – 35；　　　　 直线插补至(X10. 0,Y – 35)的位置
N150 X0；　　　　　　　　　　　直线插补至 X = 0 的位置
N160 G03 X – 15. 0 Y – 50. 0 R15；切向切出
N170 G01 G40 Y – 65. 0；　　　　 取消刀补
N180 G00 Z50. 0 M09　　　　　　 快速定至 Z = 50 mm 的位置,关闭切削液
N190 M05；　　　　　　　　　　 主轴停转
N230 M30；　　　　　　　　　　 程序结束

2) 加工 3 × $\phi$10 mm 孔和垂直进刀工艺孔。首先安装中心钻（T02）并对刀,孔的加工程序如下:

O0003；
N10 G17 G21 G40 G54 G80 G90 G94 ；　　　　程序初始化
N20 G00 Z50. 0 M07；　　　　　　　　　　刀具定位到安全平面,打开切削液
N30 M03 S2000；　　　　　　　　　　　　主轴正转,转速为 2000 r/min
N40 G99 G81 X12. 99 Y – 7. 5 R5. 0 Z – 5. 0 F80；钻中心孔,深度以钻出锥面为好
N50 X – 12. 99；　　　　　　　　　　　　定位孔位置,钻中心孔
N60 X0. 0 Y15. 0；　　　　　　　　　　　定位孔位置,钻中心孔
N70 Y0. 0；　　　　　　　　　　　　　　定位孔位置,钻中心孔
N80 X30. 0；　　　　　　　　　　　　　定位孔位置,钻中心孔
N100 G00 Z180. 0 M09；　　　　　　　　　刀具抬到手工换刀高度
N105 X150 Y150；　　　　　　　　　　　移到手工换刀位置
N110 M05；　　　　　　　　　　　　　　主轴停转
N120 M00；　　　　　　　　　　　　　　程序暂停,手工换 T03 刀,换转速
N130 M03 S600；　　　　　　　　　　　　主轴正转,转速为 600 r/min
N140 G00 Z50. 0 M07；　　　　　　　　　刀具定位到安全平面
N150 G99 G83 X12. 99 Y – 7. 5 R5. 0 Z – 24. 0 Q – 4. 0 F80；钻 3 × $\phi$10 mm 底孔和垂直进刀工艺孔
N160 X – 12. 99；　　　　　　　　　　　定位孔位置,钻底孔
N170 X0. 0 Y15. 0；　　　　　　　　　　定位孔位置,钻底孔
N180 G81 Y0. 0 R5. 0 Z – 2. 9；　　　　　定位孔位置,钻底孔
N190 X30. 0 Z – 4. 9；　　　　　　　　　定位孔位置,钻底孔
N200 G00 Z180. 0 M09；　　　　　　　　　刀具抬到手工换刀高度
N210 X150 Y150；　　　　　　　　　　　移到手工换刀位置
N220 M05；　　　　　　　　　　　　　　主轴停转
N230 M00；　　　　　　　　　　　　　　程序暂停,手工换 T04 刀,换转速
N240 M03 S200；　　　　　　　　　　　　主轴正转,转速为 200 r/min
N250 G00 Z50. 0 M07；　　　　　　　　　刀具定位到安全平面
N260 G99 G85 X12. 99 Y – 7. 5 R5. 0 Z – 24. 0 Q – 4. 0 F80；铰 3 × $\phi$10 mm 孔
N270 X – 12. 99；　　　　　　　　　　　定位孔位置,铰孔
N280 G98 X0. 0 Y15. 0；　　　　　　　　定位孔位置,铰孔
N290 M05；　　　　　　　　　　　　　　主轴停转
N300 M30；　　　　　　　　　　　　　　程序结束

3）圆形槽铣削。安装 $\phi16\,mm$ 立铣刀（T05）并对刀，圆形槽铣削程序如下：

① 粗铣圆形槽。

| | |
|---|---|
| O0004； | |
| N10 G17 G21 G40 G54 G80 G90 G94 ； | 程序初始化 |
| N20 G00 Z50.0 M07； | 刀具定位到安全平面,起动主轴 |
| N30 M03 S500； | 主轴正转,转速为 500 r/min |
| N40 X0.0 Y0.0； | 快速定位至(X0.0,Y0.0)的位置 |
| N50 Z10.0； | 下刀 |
| N60 G01 Z-3.0 F40； | 下刀 |
| N70 X5.0 F80； | 去除圆形槽中的材料 |
| N80 G03 I-5.0； | 逆时针圆弧插补,加工圆弧 |
| N90 G01 X12.0； | 直线插补至 X=12.0 mm 的位置 |
| N100 G03 I-12.0； | 逆时针圆弧插补,加工圆弧 |
| N110 G00 Z50 M09； | 快速定位至 Z=50 MM 的位置,关闭切削液 |
| N120 M05； | 主轴停转 |
| N130 M30； | 程序结束 |

② 半精、精铣圆形槽边界。半精、精加工采用同一程序，通过设置刀补值控制加工余量以达到尺寸要求。程序如下（程序中切削参数为半精加工参数）：

| | |
|---|---|
| O0005； | |
| N10 G17 G21 G40 G54 G80 G90 G94 ； | 程序初始化 |
| N20 G00 Z50.0 M07； | 刀具定位到安全平面,起动主轴 |
| N30 M03 S600； | 精加工时主轴转速设为 750 r/min |
| N40 X0.0 Y0.0； | 快速定位至(X0.0,Y0.0)的位置 |
| N50 Z10.0； | 下刀 |
| N60 G01 Z-3.0 F40； | 下刀 |
| N70 G41 X-15.0 Y-6.0 D05 F80； | 建立刀补,半精加工时刀补设为 8.2 mm,精加工时刀补设为 7.98 mm(根据实测尺寸调整);精加工时 F 设60mm/min。 |
| N80 G03 X0.0 Y-21.0 R15.0； | 切向切入 |
| N90 G03 J21.0； | 铣削圆形槽边界 |
| N100 G03 X15.0 Y-6.0 R15.0； | 切向切出 |
| N110 G01 G40 X0.0 Y0.0； | 取消刀补 |
| N120 G00 Z50 M09； | 快速定位至 Z=50 mm 的位置,关闭切削液 |
| N130 M05； | 主轴停转 |
| N140 M30； | 程序结束 |

4）铣削腰形槽。

① 粗铣腰形槽。

安装 $\phi12\,mm$ 立铣刀（T06）并对刀，粗铣腰形槽程序如下：

| | |
|---|---|
| O0006； | |
| N10 G17 G21 G40 G54 G80 G90 G94 ； | 程序初始化 |
| N20 G00 Z50.0 M07； | 刀具定位到安全平面,起动主轴 |

N30 M03 S600；　　　　　　　　　　　精加工时主轴转速设为 600 r/min

N40 X30.0 Y0.0；　　　　　　　　　　到达预钻孔上方

N50 Z10.0；　　　　　　　　　　　　下刀

N60 G01 Z-5.0 F40；　　　　　　　　下刀

N70 G03 X15.0 Y25.981 R30.0 F80；　粗铣腰形槽

N80 G00 Z50 M09；　　　　　　　　　快速定位至 Z50 的位置,关闭切削液

N90 M05；　　　　　　　　　　　　　主轴停转

N100 M30；　　　　　　　　　　　　程序结束

② 半精、精铣腰形槽。

腰形槽各点坐标及切入切出路线,如图 4-32 所示,各点坐标如下：$A_0$(30,0),$A_1$(30.5,-6.5),$A_2$(37,0),$A_3$(18.5,32.043),$A_4$(11.5,19.919),$A_5$(23,0),$A_6$(30.5,6.5)。

半精、精加工采用同一程序,通过设置刀补值控制加工余量以达到尺寸要求。程序如下(程序中切削参数为半精加工参数)：

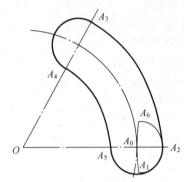

图 4-32　腰形槽各点坐标及切入切出路线

O0007；

N10 G17 G21 G40 G54 G80 G90 G94 ；　　程序初始化

N20 G00 Z50.0 M07；　　　　　　　　　刀具定位到安全平面,起动主轴

N30 M03 S600；　　　　　　　　　　　精加工时 S 设为 800 r/min

N40 X30.0 Y0.0；　　　　　　　　　　快速定至(X30.0,Y0.0)的位置

N50 Z10.0；　　　　　　　　　　　　快速定至 Z=10 mm 的位置

N60 G01 Z-3.0 F40；　　　　　　　　下刀

N70 G41 X30.5 Y-6.5 D06 F80；　　　建立刀补,半精加工时刀补设为 6.1 mm,精加工时刀补设为 5.98 mm(根据实测尺寸调整);精加工时 F 设为 60 mm/min

N80 G03 X37.0 Y0.0 R6.5；　　　　　切向切入

N90 G03 X18.5 Y32.043 R37.0；　　　铣削腰形槽边界

N100 X11.5 Y19.919 R7.0 ；　　　　　逆时针圆弧插补,加工 R7 圆弧

N110 G02 X23.0 Y0 R23.0；　　　　　顺时针圆弧插补,加工 R23 圆弧

N120 G03 X37.0 R7.0；　　　　　　　逆时针圆弧插补,加工 R7 圆弧

N130 X30.5 Y6.5 R6.5；　　　　　　　逆时针圆弧插补,加工 R6.5 圆弧

N140 G01 G40 X30.0 Y0.0；　　　　　取消刀补

N150 G00 Z50 M09；

N160 M05；

N170 M30；　　　　　　　　　　　　程序结束

注意事项：

a. 铣削外形轮廓时,刀具应在工件外面下刀,注意避免刀具在快速下刀时与工件发生碰撞。

b. 使用立铣刀粗铣圆形槽和腰形槽时,应先在工件上钻工艺孔,避免立铣刀在中心垂

直切削工件。

　　c. 精铣时刀具应切向切入和切出工件。在进行刀具半径补偿时，切入和切出的圆弧半径应大于刀具半径补偿的设定值。

　　d. 精铣时应采用顺铣方式，以提高尺寸精度和表面质量。

　　e. 铣削腰形槽的 R7 内圆弧时，注意要调低刀具进给率。

# 项目小结

　　加工中心最初是从数控铣床发展而来的。数控铣床加工中心是将数控铣床、数控镗床、数控钻床的功能组合起来，并装有刀库和自动换刀装置的数控镗铣床。通过在刀库安装不同用途的刀具，可在一次装夹中通过自动换刀装置改变主轴上的加工刀具，实现钻、镗、铰、攻螺纹、切槽等多种加工功能。所以数控加工中心在加工程序编制中，从加工工序的确定，刀具的选择，加工路线的安排，到数控加工程序的编制，都比其他数控机床要复杂一些。应用数控铣床加工中心镜像、旋转、缩放和孔加工固定循环指令简化了程序，提高了编程效率；应用子程序编写加工过程，构成模块式程序结构，便于程序的调试与加工工序的优化。使用两轴半联动的数控铣床，则铣削加工简单的平面和曲面；使用三轴或三轴以上联动的数控铣床，则能加工复杂的型腔和凸台。

# 课后练习

## 一、填空题

1. 在铣削固定循环中结束后，要使刀具返回 R 点平面，必须使用_____指令。

2. 子程序的嵌套是_____。

3. 在进行盘类零件的端面粗加工时，应选择的粗车固定循环指令是_____。

4. 在 FANUC 数控系统中，用于旋转的指令是_____，用于镜像的指令是_____。

## 二、选择题

1. 有些零件需要在不同的位置上重复加工同样的轮廓形状，可采用（　　）。

　　A. 比例缩放加工功能　　B. 子程序调用　　　C. 旋转功能　　　　D. 镜像加工功能

2. 采用固定循环编程，可以（　　）。

　　A. 加快切削速度，提高加工质量　　　　B. 缩短程序段的长度，减少程序所占内存

　　C. 减少换刀次数，提高切削速度　　　　D. 减少吃刀深度，保证加工质量

3. 在 FANUC 数控系统中，指令 "M98 P51020；" 表示的含义为（　　）。

　　A. 返回主程序为 1020 程序段

　　B. 返回子程序为 1020 程序段

　　C. 调用程序号为 1020 的子程序，连续调用五次

　　D. 重复循环 1020 次

4. 用固定循环 G98、G81 指令钻削一个孔，钻头的钻削过程是（　　）。

　　A. 分几次提刀钻削　　　　　　　　　　B. 持续不提刀钻削

　　C. 视孔深决定是否提刀　　　　　　　　D. 提刀至 R 点平面

5.（　　　）是为安全进刀切削而规定的一个平面。

　　A. 初始平面　　　　　　B. R 点平面　　　　C. 孔底平面　　　　D. 零件表面

三、判断题

1. G81 指令与 G82 指令的区别在于 G82 指令使刀具在孔底有暂停动作。（　　　）

2. 要调用子程序，必须在主程序中用 M98 指令编程，而在子程序结束时用 M99 指令返回主程序。（　　）

3. FANUC 系统中粗车固定循环指令 G71 的粗车深度地址码是 R××。（　　　）

4. 铣削固定循环中，在 R 点平面确定以后，采用绝对、增量编程时，Z 轴的坐标编程值是不同的。（　　）

5. 需要多次进给，每次进给一个 Q 量，然后将刀具回退到 R 点平面的孔加工固定循环指令是 G73。（　　）。

四、简答题

1. 简述车削固定循环指令 G71、G72、G73 的应用场合有何不同。

2. 简述铣削固定循环指令 G73、G81、G82、G83 各适用于什么场合。

3. 铣削固定循环的六个动作是什么？

4. R 点平面的含义是什么？应如何确定？

5. 画出铣削固定循环指令 G73、G83 的动作步序。

五、编程题

1、加工如图 4-33 所示零件的孔系，零件的厚度为 8 mm，Z 轴工件坐标系原点定义在上表面。利用固定循环指令，编写孔系加工程序。具体要求：

（1）按"走刀路线最短"原则编程。

（2）按"定位精度最高"原则编程。

2. 加工如图 4-34 所示的零件（单件生产），毛坯尺寸为 80 mm×80 mm×19 mm，其中 80 mm×80 mm 四面及底面已加工，材料为 45 钢，试编写加工程序。

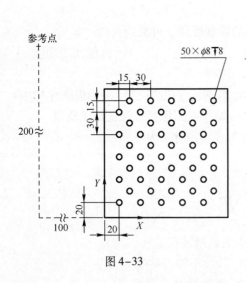

图 4-33

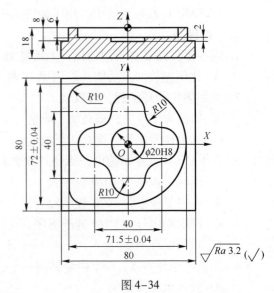

图 4-34

# 项目5  数控电加工机床加工程序编制

## 学习目标

（1）了解电火花成形的加工原理及特点。
（2）了解数控线切割的基本加工原理及特点。
（3）了解线切割常用的编程方法。
（4）掌握3B格式的编程方法，会编写简单的数控线切割程序。

## 任务5.1  数控电火花成形加工机床加工程序编制

### 1. 任务分析

冲模零件如图5-1所示，其外形已加工，余量均为0.50 mm，粗实线为加工部位，工件的编程原点设在 $\phi30$ mm 孔中心的上方。

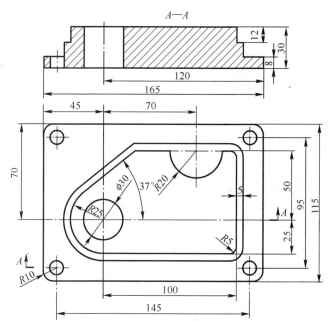

图5-1  冲模零件

### 2. 相关知识

数控电加工机床是利用电蚀加工原理，采用金属或非金属作为工具电极来切割工件，以满足加工要求的，该机床通过数字控制系统的控制，可按加工要求自动切割任意角度的直线和圆弧。这类机床主要适用于切割淬火钢、硬质合金等金属材料，特别适用于一般金属切削机床难以加工的细缝槽或形状复杂的零件，在模具行业的应用尤为广泛。

（1）数控电火花成形加工机床分类与组成

1）数控电火花成形机床的型号与分类。我国数控电火花成形（穿孔和型腔）加工机床的型号按 GB/T 15375—2008 的规定，与线切割加工机床的型号规定基本相同，例如型号 DK7125 表示机床工作台宽为 250mm 的数控电火花成形加工机床。

数控电火花成形加工机床（除穿孔机床可单列为一种外）按大小可分为小型、中型及大型三类，也可按精度等级分为标准精度型和高精度型；还可按工具电极自动进给系统的类型分为液压型、步进电机型和直流伺服电机驱动型。随着模具制造的需要，现已有大批三坐标数控电火花成形加工机床用于生产，带电极工具库且能自动更换电极工具的电火花加工中心也在逐步投入使用。

2）数控电火花成形加工机床的组成。数控电火花成形加工机床一般由主机、脉冲电源与机床电气系统、数控系统和工作液循环过滤系统等部分组成。图 5-2 所示为立柱式数控电火花成形加工机床。

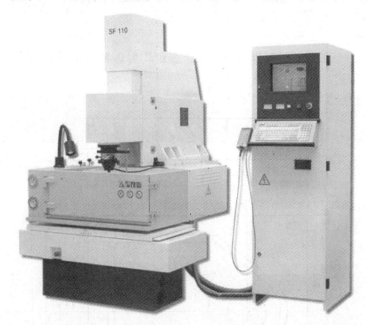

图 5-2　立柱式数控电火花成形加工机床

（2）电火花成形加工机床的加工原理　电火花成形加工的基本原理是基于工具和工具电极（简称正、负电极）之间脉冲火花放电时产生的电腐蚀现象来蚀除多余的金属，当这种电腐蚀现象以相当高的频率重复进行时，工具电极应不断调整与工件的相对位置，以加工出符合尺寸、形状及表面质量等预定加工要求的零件，如图 5-3 所示。

（3）电火花成形加工的应用　电火花成形加工有其独特的优点，随着数控水平和工艺技术的不断提高，其应用领域日益扩大，已在机械（特别是模具制造）、宇航、航空、电子、核能、仪器及轻工等部门用来解决各种难加工材料和复杂形状零件的加工问题。加工范围可从几微米的孔、槽到超大型的模具和零件，其主要的加工应用范围如图 5-4 所示。

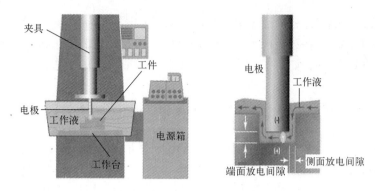

图 5-3　电火花成形加工原理

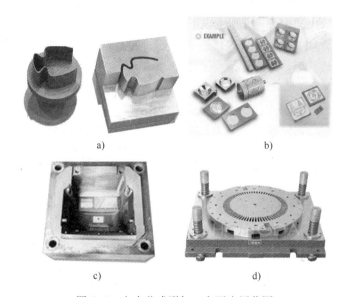

图 5-4　电火花成形加工主要应用范围

a）窄缝深槽　b）花纹、文字加工　c）型腔加工　d）冷冲模穿孔加工

（4）数控电火花成形加工工艺

1）工艺参数的选定。

① 电极极性选择。工具电极极性的一般选择原则如下：铜电极对钢，选"＋"极性；铜电极对铜，选"－"极性；铜电极对硬质合金，选"＋""－"极性都可以；石墨电极对铜，选"－"极性；石墨电极对硬质合金，选"－"极性；石墨电极对钢，加工 $R_{max} < 15\ \mu m$ 的孔时选"－"极性，加工 $R_{max} > 15\ \mu m$ 的孔，选"＋"极性；钢电极对钢，选"＋"极性。

② 加工峰值电流和脉冲宽度的选择。加工峰值电流和脉冲宽度主要影响加工表面粗糙度及加工宽度。选择好这一对参数很重要，这主要靠操作者的加工经验以及机床的电源特性来选择。

③ 脉冲间隙时间的选择。脉冲间隔时间长会影响加工效率，但过短的间隔时间会引起放电异常，所以选择时重点考虑排屑情况，以保证正常加工。

2）预加工。提高加工效率的一般方法有：

① 工件预加工。在数控电火花成形加工中加工去除金属量的多少会直接影响加工效率，

所以在电加工前必须使工件有恰当的加工余量。原则上电加工余量越少越好，只要能保证加工成形就行。一般来说，在数控电火花成形加工中，型腔侧面的单边余量为 0.1 ~ 0.5 mm，底面余量为 0.2 ~ 0.7 mm；如果是盲孔或台阶型腔，一般侧面的单边余量为 0.1 ~ 0.3 mm，底面 0.1 ~ 0.5 mm。

② 蚀出物去除。电加工中产生的蚀出物去除情况的好坏，直接影响加工的质量，所以在加工中要保证有良好的排屑环境。

3）加工方式的选定。加工方式的选定是指用什么方式来加工，是用多电极多次加工，还是用单电极加工，是否采用摇动加工等。单电极加工一般用于对型腔要求比较简单的加工。对于一些对型腔表面粗糙度、形状精度要求较高的零件，可以采用摇动加工方式。如图 5-5 所示，数控电火花成形加工机床的摇动方式一般有如下几种：

① 放射运动。从中心向外做半径为 $R$ 的扩展运动，边扩展边加工（图 5-5a）。

② 多边形运动。从中心向外扩展至 $R$ 位置后，做多边形运动加工（图 5-5b）。

③ 任意轨迹运动。用各点坐标值（$X$，$Y$）先编程，然后再动作（图 5-5c）。

④ 圆弧运动。从中心向半径 $R$ 方向做圆弧运动，同时加工（图 5-5d）。

⑤ 自动扩大加工。对以上四种运动方式，顺序增加 $R$ 值，同时移动进行加工(图 5-5e)。

⑥ 螺旋式。从中心向外做半径为 $R$ 的扩展运动，并以螺旋线形式下降。

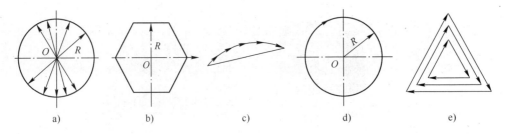

图 5-5　摇动加工方式

（5）数控电火花成形加工编程

1）指令简介。

G 代码和 M 代码。一般性功能指令与数控铣床和加工中心类似，这里不再说明。

2）C 代码。在程序中，C 代码用于选择加工条件，格式为 C＊＊＊，C 和数字之间不能有别的字符，数字也不能省略，不够三位时要补 0，如 C005。各参数在加工条件显示区中显示，在加工过程中可随时更改。系统可以存储 1000 种加工条件，其中 0 ~ 99 为用户自定义加工条件，其余为系统内定加工条件。

3）T 代码。T 代码有 T84 和 T85。T84 为打开液泵指令，T85 为关闭液泵指令。

**3. 任务实施**

零件的走刀路线如图 5-6 所示，其加工主程序见表 5-1，加工子程序见表 5-2、表 5-3。

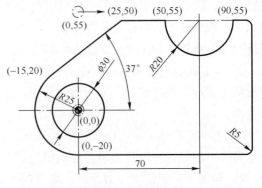

图 5-6　走刀路线图

表 5-1  加工主程序

| 程　序 | 说　明 | 程　序 | 说　明 |
|---|---|---|---|
| T84； | 打开液泵 | C107 OBT000； | 执行条件号 107 |
| G90； | 绝对坐标指令 | G32； | 指定抬刀方式为按加工路径的反向进行 |
| G54； | 工件坐标系 G54 | G00 X0.0 Y55.0； | 快速定位至 X = 0，Y = 55.0 |
| G00 X0.0 Y55.0； | 快速定位至 X = 0，Y = 55.0 | G41 H000 = 0.40 + H097； | 电极左补偿 5.4 mm |
| H097 = 5000； | 电极补偿半径值 | G01 X25.0 Y50.0； | 加工 |
| G00 Z-12.0； | 快速定位至 Z = -12.0 | G01 X50.0 Y50.0； | |
| M98 P0107； | 调用子程序 107 | G03 X90.0 Y50.0 I20.0 J0.0； | |
| M98 P0106； | 调用子程序 106 | G01 X100.0 Y50.0 R5.0； | |
| M98 P0105； | 调用子程序 105 | G01 X100.0 Y-25.0 R5.0； | |
| M98 P0104； | 调用子程序 104 | G01 X0.0 Y-25.0； | |
| G00 Z5.0； | 快速定位至 Z = 5.0 | G02 X-15.0 Y20.0 I0.0 J25.0； | |
| G00 X0.0 Y0.0； | 返回工件零点 | G01 X25.0 Y50.0； | |
| T85 M02； | 关闭液泵及程序结束 | G40 G00 X0.0 Y55.0； | 取消电极补偿及快速定位至 X = 0，Y = 55.0 |
| | | M99； | 主程序结束 |

表 5-2  加工子程序（1）

| 程　序 | 说　明 | 程　序 | 说　明 |
|---|---|---|---|
| N0106； | 子程序 106 | N0105； | 子程序 105 |
| C106 OBT000； | 执行条件号 106 | C105 OBT000； | 执行条件号 105 |
| G32； | 指定抬刀方式为按加工路径的反向进行 | G32； | 指定抬刀方式为按加工路径的反向进行 |
| G00 X0.0 Y55.0； | 快速定位至 X = 0，Y = 55.0 | G00 X0.0 Y55.0； | 快速定位至 X = 0，Y = 55.0 |
| G41 H000 = 0.20 + H097； | 电极左补偿 5.2 mm | G41 H000 = 0.10 + H097； | 电极左补偿 5.1 mm |
| G01 X25.0 Y50.0； | 加工 | G01 X25.0 Y50.0； | 加工 |
| G01 X50.0 Y50.0； | | G01 X50.0 Y50.0； | |
| G03 X90.0 Y50.0 I20.0 J0.0； | | G03 X90.0 Y50.0 I20.0 J0.0； | |
| G01 X100.0 Y50.0 R5.0； | | G01 X100.0 Y50.0 R5.0； | |
| G01 X100.0 Y-25.0 R5.0； | | G01 X100.0 Y-25.0 R5.0； | |
| G01 X0.0 Y-25.0； | | G01 X0.0 Y-25.0； | |
| G02 X-15.0 Y20.0 I0.0 J25.0； | | G02 X-15.0 Y20.0 I0.0 J25.0； | |
| G01 X25.0 Y50.0； | | G01 X25.0 Y50.0； | |
| G40 G00 X0.0 Y55.0； | 取消电极补偿及快速定位至 X = 0，Y = 55.0 | G40 G00 X0.0 Y55.0； | 取消电极补偿及快速定位至 X = 0，Y = 55.0 |
| M99； | 子程序结束 | M99； | 子程序结束 |

表 5-3　加工子程序（2）

| 程　序 | 说　明 | 程　序 | 说　明 |
|---|---|---|---|
| N0104； | 子程序 104 | | |
| C104 OBT000； | 执行条件号 104 | G01 X100.0 Y50.0 R5.0； | |
| G32； | 指定抬刀方式为按加工路径的反向进行 | G01 X100.0 Y-25.0 R5.0； | |
| G00 X0.0 Y55.0； | 快速定位至 X=0, Y=55.0 | G01 X0.0 Y-25.0； | |
| G41 H000=0.05+H097； | 电极左补偿 5.1 mm | G02 X-15.0 Y20.0 I0.0 J25.0； | |
| G01 X25.0 Y50.0； | 加工 | G01 X25.0 Y50.0； | |
| G01 X50.0 Y50.0； | | G40 G00 X0.0 Y55.0； | 取消电极补偿及快速定位至 X=0, Y=55.0 |
| G03 X90.0 Y50.0 I20.0 J0.0； | | M99； | 子程序结束 |

# 任务5.2　数控电火花线切割机床加工程序编制

### 1. 任务分析

按照技术要求，完成如图 5-7 所示内花键扳手零件的加工编程，零件装夹位置如图 5-8 所示。

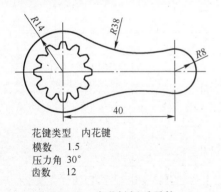

花键类型　内花键
模数　　　1.5
压力角　　30°
齿数　　　12

图 5-7　内花键扳手零件

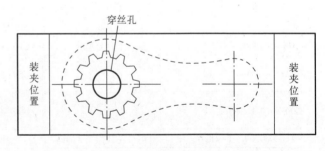

图 5-8　零件装夹位置

### 2. 相关知识

数控电火花线切割机床既是数控机床，又是特种加工机床，它区别于传统机床的部分是数控装置和伺服系统不同。数控电火花线切割机床不是依靠机械能通过刀具来切削工件，而是以电、热能量的形式来加工。电火花加工在特种加工中是比较成熟的工艺，在民用、国防生产部门和科学研究中已经获得了广泛应用，其机床设备比较成熟，且类型较多，按工艺过程中工具与工件相对运动的特点和用途等大致可以分为六大类，其中应用最广、数量较多的是数控电火花成形加工机床和数控电火花线切割机床，这里介绍数控电火花线切割机床。

（1）数控电火花线切割的加工原理　电火花线切割加工是在电火花加工的基础上，用线状电极（钼丝或铜丝）靠火花放电对工件进行切割的，故称为电火花线切割加工，有时简称线切割。控制系统是进行电火花线切割加工的重要组成部分，控制系统的稳定性、可靠性、控制精度及自动化程度都直接影响到加工工艺的指标和工人的劳动强度。图 5-9 所示为快走丝电火花线切割机床，图 5-10 所示为慢走丝电火花线切割机床。

图 5-9　快走丝电火花线切割机床　　　　　　图 5-10　慢走丝电火花线切割机床

在电火花线切割加工时，线电极一方面相对于工件不断地移动（慢速走丝是单向移动，快速走丝是往返移动）；另一方面，装夹工件的十字工作台，由数控伺服电动机驱动，在 $X$、$Y$ 轴的方向上实现切割进给，使线电极沿加工图形的轨迹运动，对工件进行切割加工，如图 5-11 所示。

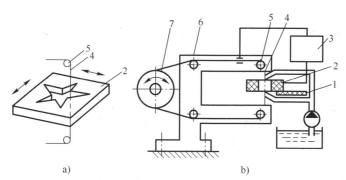

图 5-11　电火花线切割原理
a）工件及其运动方向　b）电火花线切割加工装置原理图
1—绝缘底板　2—工件　3—脉冲电源　4—电极丝（钼丝）　5—导向轮　6—支架　7—贮丝筒

电火花线切割和成形机的区别在于电火花线切割的工具电极是沿着电极丝轴线移动的线电极，成形机的工具电极是成形电极且与要求加工出的零件有相适应的截面或形状；线切割加工时工具和工件在水平和竖直两个方向上同时有相对的伺服进给运动，成形机工件和工具只有一个相对的伺服进给运动。

（2）电火花线切割加工的必备条件　电火花线切割加工是利用工具电极（钼丝）和工件两极之间在脉冲放电时所产生的电腐蚀现象对工件进行尺寸加工的。电火花腐蚀主要原因是两电极在绝缘液体中靠近时，由于两电极的微观表面是凹凸不平的，因此其电场分布不均匀，离得最近的凸点处的电场强度最高，极间介质被击穿，形成放电通道，电流迅速上升。在电场的作用下，通道内的电子高速奔向阳极，正离子奔向阴极形成电火花放电，电子和离子在高速运动时相互碰撞，阳极和阴极表面分别受到电子流和离子流的轰击，使电极间隙内形成瞬时的高温热源，通道的中心温度可达到 10000℃ 以上，以致局部金属材料熔化和气化。

电火花线切割加工能正常运行，必须具备下列条件：

1）电极丝与工件的被加工表面之间必须保持一定的间隙，该间隙的宽度由工作电压、加工量等加工条件而定。若间隙过大，极间电压不能击穿极间介质，则不能产生电火花放电；若间隙过小，则容易形成短路，也不能产生电火花放电。

2）电火花线切割机床在加工时，必须在有一定绝缘性能的液体介质中进行，如煤油、皂化油、去离子水等，这是为了利于产生脉冲性的火花放电，液体介质还有排除间隙内电蚀产物和冷却电极的作用。

3）必须采用脉冲电源，即电火花放电必须有脉冲性及间歇性。在脉冲间隔内，有间隙介质消除电离，才能使下一个脉冲在两极间击穿放电。

（3）数控电火花线切割的加工特点

1）直接利用线状的电极丝作为线电极，不需要像电火花成形加工一样的成形工具电极，可节约电极设计、制造费用，缩短了生产准备周期。

2）可以加工用传统切削加工方法难以加工或无法加工的微细异形孔、窄缝和形状复杂的工件。

3）利用电蚀原理加工，电极丝与工件不直接接触，两者之间的作用力很小，因而工件的变形很小，电极丝和夹具不需要太高的强度。

4）在传统的车、铣、钻加工中，刀具硬度必须比工件硬度大，而数控电火花线切割机床的电极丝材料不必比工件材料硬，所以可以加工硬度很高或很脆的工件，或用一般切削加工方法难以加工或无法加工的材料。在加工中作为刀具的电极丝无须刃磨，可节省辅助时间和刀具费用。

5）直接利用电、热能进行加工，可以方便地对影响加工精度的加工参数（如脉冲宽度、间隔、电流）进行调整，有利于加工精度的提高，便于实现加工过程的自动化控制。

6）电极丝是不断移动的，单位长度损耗少，特别是在慢走丝数控电火花线切割加工时，电极丝一次性使用，故加工精度高（可达 ±2 μm）。

7）采用数控电火花线切割加工冲模时，可实现凸、凹模一次加工成形。

（4）数控电火花线切割的应用　数控电火花线切割加工的应用，为新产品的试制、精密零件及模具的制造开辟了一条新的工艺途径，如图 5-12 所示，其具体应用有以下三个方面：

1）模具制造。适合于加工各种形状的冲裁模，一次编程后通过调整不同的间隙补偿量，就可以切割出凸模、凹模、凸模固定板、凹模固定板及卸料板等，模具的配合间隙、加工精度通常都能达到要求。此外数控电火花线切割还可以加工粉末冶金模、电机转子模、弯曲模及塑压模等各种类型的模具。

2）电火花成形加工用的电极。一般穿孔加工的电极以及带锥度型腔加工的电极，如采用银钨、铜钨合金之类的材料，用数控电火花线切割加工特别经济，同时也可加工微细、形

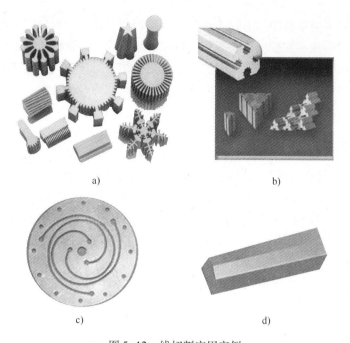

a)                                    b)

c)                                    d)

图 5-12  线切割应用实例

a）各种零件的加工  b）冷冲凸模的加工  c）多孔窄缝的加工  d）棱锥体零件的加工

状复杂的电极。

3）新产品试制及难加工零件。在试制新产品时，用数控电火花线切割在坯料上直接切割出零件，由于无须另行制造模具，可大大缩短制造周期，降低成本，加工薄件时也可多片叠加在一起加工。在零件制造方面，可用于加工品种多、数量少的零件，还可加工特殊难加工材料的零件，如凸轮、样板、成形刀具、异形槽及窄缝等。

（5）数控电火花线切割加工工艺  数控电火花线切割加工时，为了使工件达到图样规定的尺寸、几何精度和表面粗糙度要求，必须合理制定数控电火花线切割加工工艺。只有工艺合理，才能高效率地加工出质量好的工件。数控电火花线切割加工工艺过程如图5-13所示。

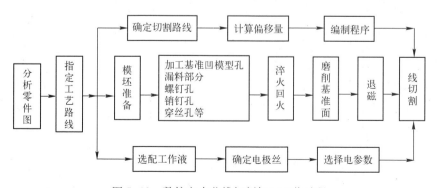

图 5-13  数控电火花线切割加工工艺过程

（6）数控电火花线切割编程  数控电火花线切割编程与数控车床、铣床、加工中心的编程过程一样，也是根据零件图样提供的数据，经过分析和计算，编写出线数控电火花切割机床的数控装置能接受的程序。编程方法分手工编程和自动编程两种。一般形状简单的零件采用手工编程，目前我国数控电火花线切割机床常用的手工编程格式有3B、4B、ISO格式。

1）3B格式程序编制。我国早期的数控电火花线切割机床使用的是5指令的3B格式编程，一般用于高速走丝，不能实现电极丝半径和放电间隙的自动补偿。

① 程序格式。指令格式为：BX BY BJ GZ;

其中，B称为分隔符号，用它来区分、隔离X、Y和J数值，B后的数值若为0，则此0可不写，但分隔符号B不能省略。G为计数方向，有$G_x$和$G_Y$两种。Z为加工码，有12种，即$L_1$、$L_2$、$L_3$、$L_4$、$NR_1$、$NR_2$、$NR_3$、$NR_4$、$SR_1$、$SR_2$、$SR_3$、$SR_4$。

加工圆弧时，程序中的X、Y必须是圆弧起点相对其圆心的坐标值。加工斜线时，程序中的X、Y必须是该斜线段终点相对其起点的坐标值，斜线段程序中的X、Y值允许同时缩小相同的倍数，只要其比值保持不变即可，因为X、Y值只用来确定斜线的斜率，但计数长度J值不能缩小。对于与坐标轴重合的线段，在其程序中的X或Y值，均可不必写出或全写为0，但分隔符号B必须保留。X，Y坐标值为绝对值，单位为μm，1μm以下的按四舍五入计。

② 计数方向G和计数长度J。

a. 计数方向G及其选择。按X轴方向、Y轴方向计数，分为$G_x$、$G_Y$两种。它确定在加工直线或圆弧时按哪个坐标轴方向取计数长度值。

在加工直线时规定终点接近X轴时应取$G_x$，终点接近Y轴时应取$G_Y$。加工圆弧时终点接近X轴时应取$G_Y$，接近Y轴时应取$G_x$。这样设定的原因在于，加工直线时终点接近X轴，即进给的X分量多，X轴走几步，Y轴才走一步，用X轴计数不致于漏步，因此用X计数可保持较高的精度；而圆弧的终点接近X轴时线段趋于垂直方向，即Y轴走几步，X轴才走一步，因此用Y计数能保持较高的精度，如图5-14所示。

b. 计数长度J的确定。当计数方向确定后，计数长度J应取计数方向从起点到终点移动的总距离，即圆弧或直线段在计数方向坐标轴上投影长度的总和。

对于斜线，如图5-15a所示时取$J = X_e$，如图5-15b所示时取$J = Y_e$即可。

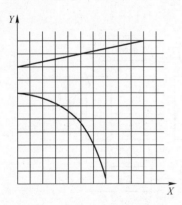

图5-14　计数方向G的选择

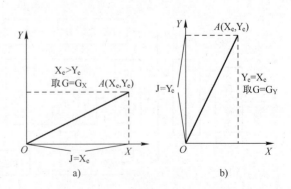

图5-15　计数长度J（直线）的确定

对于圆弧，它可能跨越几个象限，如图5-16所示的圆弧都是从$A$加工到$B$，图5-16a的计数方向取$G_X$，$J = J_{X1} + J_{X2}$；图5-16b的计数方向取$G_Y$，$J = J_{Y1} + J_{Y2} + J_{Y3}$。

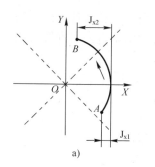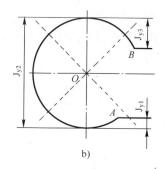

图 5-16　计数长度 J（圆弧）的确定

③ 加工指令 Z。加工指令是用来确定轨迹的形状、起点、终点所在坐标象限和加工方向的，它包括直线插补指令（L）和圆弧插补指令（R）两类。

圆弧插补指令（R）根据加工方向又可分为顺圆插补（$SR_1$、$SR_2$、$SR_3$、$SR_4$）和逆圆插补（$NR_1$、$NR_2$、$NR_3$、$NR_4$），字母后面的数字表示该圆弧的起点所在象限，如 $SR_1$ 表示顺圆弧插补，其起点在第一象限。如图 5-17a、图 5-17b 所示。注意：坐标系的原点是圆弧的圆心。

直线插补指令（$L_1$、$L_2$、$L_3$、$L_4$），表示加工的直线终点分别在坐标系的第一至四象限；如果加工的直线与坐标轴重合，可根据进给方向来确定。如图 5-17c、图 5-17d 所示。注意：坐标系的原点是直线的起点。

例如：起点为（2，3），终点为（7，10）直线的 3B 指令是：B5000 B7000 B7000 $G_Y$ $L_1$；半径为 9.22 mm，圆心坐标为（0，0），起点坐标为（-2，9），终点坐标为（9，-2）的圆弧 3B 指令是：B2000 B9000 B25440 $G_Y$ $NR_2$。

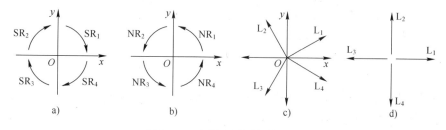

图 5-17　直线和圆弧插补指令

④ 标注公差尺寸的编程计算。根据大量的统计表明，数控电火花线切割加工后的实际尺寸大部分是在公差带的中值附近。因此对标注有公差的尺寸，应采用中差尺寸编程。其计算公式为

$$中差尺寸 = 基本尺寸 + （上极限偏差 + 下极限偏差）/2$$

例如：半径为 R20$_{-0.02}^{0}$ mm 的中差尺寸为：20 mm +（0 - 0.02 mm）/2 = 19.99 mm。

实际加工和编程时，要考虑电极丝半径 $r_丝$ 和单边放电间隙 $\delta_电$ 的影响。对于切割凹体，应将编程轨迹减小（$r_丝 + \delta_电$）；切割凸体，则应偏移增大（$r_丝 + \delta_电$）。切割模具时，还应考虑凸凹模之间的配合间隙 $\delta_隙$。

⑤ 间隙补偿量的确定。在数控电火花线切割加工时，控制装置所控制的是电极丝中心轨迹，如图 5-18 所示（图中双点画线为电极丝中心轨迹），加工凸模时电极丝中心轨迹应

在所加工图形的外面；加工凹模时，电极丝中心轨迹应在所加工图形的里面。工件图形与电极丝中心轨迹间的距离，在圆弧的半径方向和线段的垂直方向都等于间隙补偿量$f$。

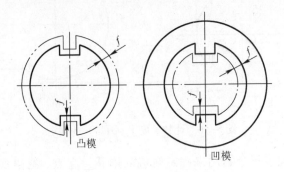

图 5-18　电极丝中心轨迹

a. 间隙补偿量的符号。可根据在电极丝中心轨迹中圆弧半径及直线段法线长度的变化情况来确定。对于圆弧，当考虑电极丝中心轨迹后，其圆弧半径比原图形半径增大时取 $+f$，减小时取 $-f$；对于直线段，当考虑电极丝中心轨迹后，使该直线段的法线长度 $P$ 增加时取 $+f$，减小时取 $-f$，如图 5-19 所示。

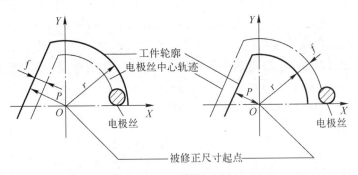

图 5-19　间隙补偿量的符号判别

b. 间隙补偿量的算法。加工冲模的凸、凹模时，应考虑电极丝半径、电极丝和工件之间的单边放电间隙 $\delta_{电}$ 及凸模和凹模间的单边配合间隙 $\delta_{配}$。当加工冲孔模具时（即冲后要求保证工件孔的尺寸），凸模尺寸由孔的尺寸确定，因 $\delta_{配}$ 在凹模上扣除，故凸模的间隙补偿量为 $f_{凸} = r_{丝} + \delta_{电}$，凹模的间隙补偿量为 $f_{凹} = r_{丝} + \delta_{电} - \delta_{配}$。当加工落料模时（即冲后要求保证冲下的工件尺寸），凹模尺寸由工件尺寸确定，因 $\delta_{配}$ 在凸模上扣除，固凸模的间隙补偿量为 $f_{凸} = r_{丝} + \delta_{电} - \delta_{配}$，凹模的间隙补偿量为 $f_{凹} = r_{丝} + \delta_{电}$。

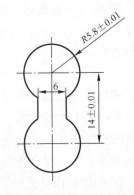

【例 5-1】 编制加工如图 5-20 所示零件的凹模和凸模数控电火花线切割程序。已知该模具为落料模，$r_{丝} = 0.065$ mm，$\delta_{电} = 0.01$ mm，$\delta_{配} = 0.01$ mm。

a. 编制凹模程序。因该模具为落料模，冲下的零件尺寸由凹模决定，模具配合间隙在凸模上扣除，故凹模的间隙补偿量为

$$f_{凹} = r_{丝} + \delta_{电} = (0.065 + 0.01)\ \text{mm} = 0.075\ \text{mm}$$

图 5-20　冲裁加工零件图

图 5-21 中的点画线表示电极丝中心轨迹，此图以 $X$ 轴上下对称，对 $Y$ 轴左右对称。因此，只要计算一个点，其余三个点均可由对称得到，通过计算可得到各点的坐标为：$O_1(0, 7)$，$O_2(0, -7)$，$a(2.925, 2.079)$，$b(-2.925, 2.079)$，$c(-2.925, -2.079)$，$d(2.925, -2.079)$。

若将穿丝孔钻在 $O$ 点处，则切割路线为：$O \to a \to b \to c \to d \to a \to O$，程序编制如下：

| | |
|---|---|
| B2925 B2079 B2925 $G_x$ $L_1$ ; | $O \to a$ |
| B2925 B4921 B17050 $G_x$ $NR_4$ ; | $a \to b$ |
| B B B4158 $G_Y$ $L_4$ ; | $b \to c$ |
| B2925 B4921 B17050 $G_x$ $NR_2$ ; | $c \to d$ |
| B B B4158 $G_Y$ $L_2$ ; | $d \to a$ |
| B2925 B2079 B2925 $G_x$ $L_3$ ; | $a \to O$ |
| D ; | |

b. 编制凸模程序如图 5-22 所示，凸模的间隙补偿量为 $f_凸 = r_丝 + \delta_电 - \delta_配 = (0.065 + 0.01 - 0.01)$ mm $= 0.065$ mm，计算可得到各点的坐标为：$O_1(0, 7)$，$O_2(0, -7)$，$a(3.065, 2)$，$b(-3.065, 2)$，$c(-3.065, -2)$，$d(3.065, -2)$。

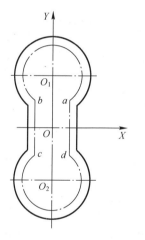
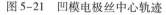
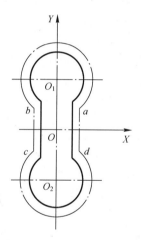

图 5-21　凹模电极丝中心轨迹　　　图 5-22　凸模电极丝中心轨迹

切割路线为：加工时先沿 $L_1$ 切入 5 mm 至 $b$ 点，沿凸模按逆时针方向切割回 $b$ 点，再沿 $L_3$ 退回 5 mm 至起始点。程序如下：

| | |
|---|---|
| B B B5000 $G_x$ $L_1$ ; | 沿 $L_1$ 切入 5 mm 至 $b$ 点 |
| B B B4000 $G_Y$ $L_4$ ; | $b \to c$ |
| B3065 B5000 B17330 $G_x$ $NR_2$ ; | $c \to d$ |
| B B B4000 $G_Y$ $L_2$ ; | $d \to a$ |
| B3065 B5000 B17330 $G_x$ $NR_4$ ; | $O \to b$ |
| B B B5000 $G_x$ $L_3$ ; | 沿 $L_3$ 退回 5 mm 至起始点 |
| D ; | |

2）4B 格式程序编制。所谓 4B 格式，就是直线和圆弧、圆弧和圆弧相交时仍要加过渡圆，而直线和直线相交时不加过渡圆，只在前增加一个参数 R，形成 4B 指令，可以说它具

有电极丝间隙自动补偿功能。这种方法用于一些不适合直线间加过渡圆工件的加工。

4B 程序格式：BX BY BJ BRGD(DD)Z；

其中，B、X、Y、J、G、Z 与 3B 格式相同。R 为所要加工圆弧的半径，对于加工图形的尖角，一般取 R = 0.1mm 的过渡圆弧编程。半径增大时为正补偿，减少时为负补偿。D(DD)为凸（凹）圆弧半径。

3）ISO 格式程序编制。低速走丝线切割机床常常采用国际上通用的 ISO 格式。表 5-4 所列为数控电火花线切割机床使用的 ISO 代码及其含义。

表 5-4　数控电火花线切割机床使用的 ISO 的代码及含义

| 代码 | 含　义 | 代码 | 含　义 |
|---|---|---|---|
| % | 程序开始 | M22 | 不带电极丝的定位 |
| N | 程序号 | M61 | 腐蚀起始孔 |
| /N | 可跳过的程序段 | M62 | 切丝 |
| X ± | 带符号的 X 轴上的增量 | M63 | 穿丝 |
| Y ± | 带符号的 Y 轴上的增量 | M64 | 在 0° 方向上找中心 |
| I ± | 圆心在 X 轴方向上的相对距离（带符号） | M65 | 在 45° 方向上找中心 |
| J ± | 圆心在 Y 轴方向上的相对距离（带符号） | M66 | 在 +X 轴方向上接触感知，进行边沿定位 |
| Q ± | 电极丝的轴向倾角（带符号） | M67 | 在 -X 轴方向上接触感知，进行边沿定位 |
| R ± | 电极丝的前向倾角（带符号） | M68 | 在 +Y 轴方向上接触感知，进行边沿定位 |
| G01 | 直线插补 | M69 | 在 -Y 轴方向上接触感知，进行边沿定位 |
| G02 | 顺圆插补 | M90 | 阅读到终止指令，人工重新启动 |
| G03 | 逆圆插补 | M94 | 阅读到终止指令，自动重新启动 |
| G40 | 无补偿的插补 | M95 | 外围装置的指令 |
| G41 | 生成圆锥或圆柱的圆弧插补 | M96 | 外围装置的指令 |
| G42 | 带有 Q 和 R 的直线插补 | M97 | 外围装置的指令 |
| G43 | 补偿量和圆锥寄存器的启动 | M98 | 外围装置的指令 |
| G44 | 用补偿量和圆锥曲线（双曲线）的插补 | M99 | 复位 X - Y 的相关示数 |
| G45 | 补偿量和双曲线（圆锥）的重新设置 | T00 ~ T99 | 调用电源寄存器 |
| M00 | 程序停止 | S00 ~ S99 | 调用电极丝和冲洗寄存器 |
| M02 | 程序结束 | D01 ~ D99 | 调用补偿寄存器 |
| M21 | 带电极丝的定位 | P01 ~ P99 | 调用锥度角寄存器 |

① 直线插补指令（G01）。该指令可使机床加工任意斜率的直线轮廓。

格式：G01 X ± ＿ Y ± ＿；

说明：X、Y 为目标点对前一点的相对坐标值。

2）圆弧插补指令（G02、G03）。G02 指令为顺圆弧插补加工指令，G03 指令为逆圆弧插补加工指令。

格式：G02 X ± ＿ Y ± ＿ I ± ＿ J ± ＿；

G03 X ± ＿ Y ± ＿ I ± ＿ J ± ＿；

说明：X、Y 表示圆弧终点相对圆弧起点的坐标，I、J 分别表示圆心相对圆弧起点在 X 方向和 Y 方向上的增量坐标。

编辑 ISO 格式代码时，应注意所输入的数据都必须是六位整数，单位为 μm，不够六位时在最高位前加 0 补足，所用字母必须是大写形式。

【例5-2】切割如图 5-23 所示 ϕ10 mm 内孔，切割路径：$A \to B \to C \to D \to B \to A$，编制加工程序。

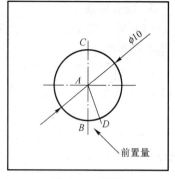

图 5-23　凹模

加工程序如下：

| 程序 | 说明 |
|---|---|
| % N001 M63； | 程序开始,穿丝 |
| N002 D01 S01 T01 P11 G43； | 寄存器的定义及启动 |
| N003 G02 X + 000000 Y + 010000 I + 000000 J + 005000 G44； | $A \to B$ |
| N004 G01 X + 000000 Y − 005000 G40； | $B \to C$ |
| N005 G02 X + 002823 Y − 009127 J − 005000 G44； | $C \to D$ |
| N006 M00； | 选择性停止 |
| N007 G02 X − 002823 Y − 000873 1 − 002823 J + 004127； | $D \to B$ |
| N008 G01 X − 001000 Y + 000000 G44； | 虚拟语句 |
| N009 G01 Y + 005000 G40； | $B \to A$ |
| N010 G45； | 补偿量的重新设置 |
| N011 M02； | 程序结束 |

程序说明：

① N003 和 N004 程序段为倒装语句。

② 程序中前置量设为 3 mm，执行 N006 程序段时程序停止，操作者可用强力磁铁吸住脱落件后，再执行下一程序段，这样可防止脱落件掉下砸伤工作台面。

③ D01 中设置的偏移量应为负值（逆时针方向切割时，凹模的补偿值为负）。

4）数控线切割自动编程。为了把图样中的信息和加工路线输入计算机，要利用一定的自动编程语言（数控语言）来表达，构成源程序。源程序输入后，必要的处理和计算工作则依靠应用软件（针对数控语言的编译程序）来实现。在这里，自动编程语言的处理程序主要分为三部分：①输入代码直接加工；②画图转化为代码加工；③扫描图形转化为代码加工。

自动编程根据编程信息的输入与计算机对信息的处理方式不同，分为以自动编程语言为基础的自动编程方法和以计算机绘图为基础的自动编程方法。以自动编程语言为基础的自动编程方法，在编程时编程人员是依据所用自动编程语言的编程手册以及零件图样，以语言的形式表达出加工的全部内容，然后在把这些内容输入到计算机中进行处理，制作出可以直接用于数控机床的 NC 加工程序。以计算机绘图为基础自动编程方法，编程人员先利用自动编程软件的 CAD 功能，构建出几何图形，其后利用 CAM 功能，设置好几何参数，才能制作出 NC 加工程序。

现在比较常用的 CAD/CAM 软件有国外的 Mastercam、Pro/E、UG 等，国产的 CAXA 线切割 XP 等。

**3. 任务实施**

（1）零件图工艺分析　此零件尺寸要求的精度不高，但内、外两个型面都要加工，有一定的位置要求。

（2）确定装夹位置及走刀路线　此零件毛坯料为 100 mm×32 mm×6 mm 的板料，为防止工件翘起或低头，采用两端支承装夹的方式。走刀路线是先切割内花键然后再切割外形轮廓，如图 5-8 所示。

（3）根据图纸所给参数，编制程序单　生成切割轨迹时，注意穿丝点的位置；可以用轨迹跳步。生成的 G 代码如下：

```
G92    X0    Y0;
G01    X - 9936    Y490;
G02    X - 8178    Y1299    I2769    J - 3702;
G03    X - 8018    Y1460    I - 37    J197;
G02    X - 7674    Y2745    I8018    J - 1460;
G03    X - 7732    Y2964    I - 188    J67;
G02    X - 8850    Y4544    I3131    J3401;
G02    X - 8844    Y4721    I183    J83;
G02    X - 8510    Y5299    I8844    J - 4721;
G02    X - 8360    Y5392    I170    J - 106;
G02    X - 6433    Y5214    I548    J - 4590;
G03    X - 6214    Y5273    I66    J189;
G02    X - 5273    Y6214    I6214    J - 5273;
G03    X - 5214    Y6433    I - 130    J153;
G02    X2745    Y7674    I - 1460    J - 8018;
G03    X2964    Y7732    I67    J188;
G02    X4544    Y8850    I3401    J - 3131;
G02    X4721    Y8844    I83    J - 183;
G02    X5299    Y8510    I - 4721    J - 8844;
G02    X5392    Y8360    I - 106    J - 170;
G02    X5214    Y6433    I - 4590    J - 548;
G03    X5273    Y6214    I189    J - 66;
G02    X6214    Y5273    I - 5273    J - 6214;
G03    X6433    Y5214    I153    J130;
G02    X8360    Y5392    I1379    J - 4412;
G02    X8510    Y5299    I - 20    J - 199;
G02    X8844    Y4721    I - 8510    J - 5299;
G02    X8850    Y4544    I - 177    J - 94;
G02    X7732    Y2964    I - 4249    J1821;
G03    X7674    Y2745    I130    J - 152;
G02    X8018    Y1460    I - 7674    J - 2745;
G03    X8178    Y1299    I197    J36;
G02    X9936    Y490    I - 1011    J - 4511;

G02    X10019    Y334    I - 116    J - 163;
G02    X10019    Y - 334    I - 10019    J - 334;
G02    X9936    Y - 490    I - 199    J7;
G02    X8178    Y - 1299    I - 2769    J3702;
G03    X8018    Y - 1460    I37    J - 197;
G02    X7674    Y - 2745    I - 8018    J1460;
G03    X7732    Y - 2964    I188    J - 67;
G02    X8850    Y - 4544    I - 3131    J - 3401;
G02    X8844    Y - 4721    I - 183    J - 83;
G02    X8510    Y - 5299    I - 8844    J4721;
G02    X8360    Y - 5392    I - 170    J106;
G02    X6433    Y - 5214    I - 548    J4590;
G03    X6214    Y - 5273    I - 66    J - 189;
G02    X5273    Y - 6214    I - 6214    J5273;
G03    X5214    Y - 6433    I130    J - 153;
G02    X5392    Y - 8360    I - 4412    J - 1379;
G01    X0    Y0;
M21;
M00;
G00    X - 20000    Y0;
M00;
M20;
G01    X - 14100    Y0;
G02    X - 5392    Y8360    I4412    J1379;
G02    X - 5299    Y8510    I199    J - 20;
G02    X - 4721    Y8844    I5299    J - 8510;
G02    X - 4544    Y8850    I94    J - 177;
G02    X - 2964    Y7732    I - 1821    J - 4249;
G03    X - 2745    Y7674    I152    J130;
G02    X - 1460    Y8018    I2745    J - 7674;
G03    X - 1299    Y8178    I - 36    J197;
G02    X - 490    Y9936    I4511    J - 1011;
G02    X - 334    Y10019    I163    J - 116;
```

| | |
|---|---|
| G02 X334 Y10019 I334 J-10019; | G02 X-5214 Y-6433 I4590 J548; |
| G02 X490 Y9936 I-7 J-199; | G03 X-5273 Y-6214 I-189 J66; |
| G02 X1299 Y8178 I-3702 J-2769; | G02 X-6214 Y-5273 I5273 J6214; |
| G03 X1460 Y8018 I197 J37; | G03 X-6433 Y-5214 I-153 J-130; |
| G02 X5299 Y-8510 I-199 J20; | G02 X-8360 Y-5392 I-1379 J4412; |
| G02 X4721 Y-8844 I-5299 J8510; | G02 X-8510 Y-5299 I20 J199; |
| G02 X4544 Y-8850 I-94 J77; | G02 X-8844 Y-4721 I8510 J5299; |
| G02 X2964 Y-7732 I1821 J4249; | G02 X-8850 Y-4544 I177 J94; |
| G03 X2745 Y-7674 I-152 J-130; | G02 X-7732 Y-2964 I4249 J-1821; |
| G02 X1460 Y-8018 I-2745 J17674; | G03 X-7674 Y-2745 I-130 J152; |
| G03 X1299 Y-8178 I36 J-197; | G02 X-8018 Y-1460 I7674 J2745; |
| G02 X490 Y-9936 I-4511 J1011; | G03 X-8178 Y-1299 I-197 J-36; |
| G02 X334 Y-10019 I-163 J116; | G02 X-9936 Y-490 I1011 J4511; |
| G02 X-334 Y-10019 I-334 J10019; | G02 X-10019 Y-334 I116 J163; |
| G02 X-490 Y-9936 I7J199; | G02 X-10019 Y334 I10019 J334; |
| G02 X-1299 Y-8178 I3702 J2769; | G02 X-9936 Y490 I199 J-7; |
| G03 X-1460 Y-8018 I-197 J-37; | G02 X7416 Y11992 I14100 J0; |
| G02 X-2745 Y-7674 I1460 J8018; | G03 X37773 Y7788 I19934 J32234; |
| G03 X-2964 Y-7732 I-67 J-188; | G02 X37772 Y-7788 I2227 J-7788; |
| G02 X-4544 Y-8850 I-3401 J3131; | G03 X7416 Y-11992 I-10422 J-36438; |
| G02 X-4721 Y-8844 I-83 J183; | G02 X-14100 Y0 I-7416 J11992; |
| G02 X-5299 Y-8510 I4721 J8844; | G01 X-20000 Y0; |
| G02 X-5392 Y-8360 I106 J170; | M02; |

（4）调试机床　校正电极丝的垂直度，检查工作液及运丝机构的工作是否正常。

（5）装夹及加工　将坯料放置在工作台上，保证有足够的装夹余量，然后将工件两端固定夹紧；将电极丝抽出移至穿丝点位置并穿入工艺孔中，然后上好电极丝，找正工件，准备切割。

选择合适的电参数，进行切割。切割好内花键后，卸丝，移至外形轮廓的穿丝点处，再进行穿丝加工。

# 项目小结

通过本章的学习应了解数控电火花成形加工的工艺范围和加工步骤，重点在于了解数控电火花成形加工的工艺特点；应了解数控电火花线切割加工的工艺范围和加工步骤，重点在于掌握数控电火花线切割加工的编程技术并能进行基本运用。

# 课后练习

一、填空题

1. 特种加工主要采用_____以外的其他能量去除工件上多余的材料，以达到图样上全部技术要求。

2. 特种微细加工技术有望成为_____加工的主流技术。

3. 数控电火花成形加工的表面质量主要是指被加工零件的_____、_____、_____。

4. 电火花线切割是利用连续移动的_____作为工具电极，电极由_____控制，按预定的轨迹进行_____切割零件的加工方法。

5. 数控电火花成形加工的自动进给调节系统，主要包含_____和_____。

6. 数控电火花成形加工机床主要由机床主体、_____、_____、工作液过滤和循环系统、_____等几部分组成。

7. 平动头是一个使装在其上的电极能产生向外机械补偿动作的工艺附件，是为解决_____和提高其_____而设计的。

8. 数控电火花成形加工机床数控摇动的伺服方式有_____、_____、_____。

9. 数控电火花成形加工机床的常见功能有_____、_____、_____。

10. 数控电火花成形加工中，工作液循环方式包括_____和_____。

11. 数控电火花成形加工是将工具电极的形状_____到工件上的一种工艺方法。

12. 数控电火花型腔加工的工艺方法有_____、_____、_____、手动侧壁修光法和简单电极数控创成法等。

13. 在数控电火花成形加工中，当电流一定时，脉冲宽度越大，_____的能量就越大，则_____就越高。

14. 国内线切割程序常用格式中慢走丝机床普遍采用_____格式，快走丝机床大部分采用_____格式。

15. 在数控电火花成形加工中，提高电蚀量和加工效率的电参数途径有提高_____、增加_____、减少_____。

16. 数控电火花成形加工中常用的电极结构形式有_____、_____和_____等。

17. 电极的制造方法有_____、_____和_____。

18. 快走丝机床的工作液是_____、慢速走丝机床则大多采用_____。

19. 快走丝线切割机床和慢走丝线切割机床的分类依据是_____的走丝速度。

20. 线切割机床走丝机构的作用是使电极丝以一定的_____运动，并保持一定的_____。

二、选择题

1. 下列加工介质中那一个是数控电火花成形加工机床在加工时常用的介质（　　）。
   A. 负离子水　　　　B. 普通自来水　　　　C. 乳化水　　　　D. 专用煤油

2. 数控电火花成形加工机床在放电时，电压表摇摆不定表示（　　）。
   A. 电压表质量不好　　B. 加工不稳定　　　C. 机床重心不稳定　　D. 接触不良

3. 数控电火花成形加工一个较深的盲孔时，其成形尺寸的孔口尺寸通常较孔底的尺寸（　　）。
   A. 相等　　　　　　B. 大　　　　　　　C. 小　　　　　　D. 不确定

4. 数控电火花成形加工机床在放电加工时，为了安全起见工作液面一般要高于工件（　　）。

A. 0 ~ 5 mm B. 5 ~ 10 mm C. 30 ~ 50 mm

5. 下列电极材料中，哪种最适合作为精加工电极（　　）。

A. 黄铜 B. 铸铁 C. 石墨 D. 电解铜

6. （　　）不能用数控电火花成形加工机床加工。

A. 优质碳素结构钢 B. 合金工具钢 C. 钨钼合金钢 D. 塑料

7. 占空比的含义是（　　）。

A. 脉冲宽度与脉冲间隔之比 C. 击穿延时与脉冲周期之比

B. 脉冲间隔与脉冲宽度之比 D. 脉冲周期与击穿延时之比

8. 在用相同能量加工的情况下，熔点高的材料其表面粗糙度要（　　）熔点低的材料。

A. 低于 B. 好于 C. 等于 D. 不确定

9. 线切割机加工一直径为 10 mm 的圆孔，若采用的补偿量为 0.12 mm 时，则实际测量孔的直径为 10.02 mm。若要孔的尺寸达到 10 mm，则采用的补偿量为（　　）。

A. 0.10 mm B. 0.11 mm C. 0.12 mm D. 0.13 mm

10. 若线切割机床的单边放电间隙为 0.02 mm，电极丝直径为 0.18 mm，则加工圆孔时的补偿量为（　　）。

A. 0.10 mm B. 0.11 mm C. 0.20 mm D. 0.21 mm

11. 用线切割机床不能加工的形状或材料为（　　）。

A. 盲孔 B. 圆孔 C. 上下异形件 D. 淬火钢

12. 直线的 3B 代码编程，以直线的（　　）为原点，建立直角坐标系。

A. 起点 B. 终点 C. 中点 D. 任意

13. 直线 3B 代码编程的计数长度值要取直线终点坐标的（　　）值。

A. 大 B. 绝对值小 C. 绝对值大 D. 小

14. 下列电极材料中，哪种最适合作为粗加工电极（　　）。

A. 黄铜 B. 铸铁 C. 石墨 D. 电解铜

15. 在数控电火花成形加工中，接触感知功能由（　　）指令实现。

A. G40 B. G41 C. G80 D. G43

16. 在数控电火花成形加工中，取消接触感知功能由（　　）指令实现。

A. M00 B. M04 C. M05 D. M03

### 三、判断题

1. 数控电火花成形加工时，必须使接在不同极性上的工具和工件之间保持一定的距离以形成放电间隙。（　　）

2. 高速走丝线切割，电极丝往复运动；低速走丝线切割，电极丝单方向移动。（　　）

3. 在数控电火花成形加工中，粗加工时工件常接正极，精加工时工件常接负极。（　　）

4. 电极丝的补偿可以在圆弧上加补偿。（　　）

5. 电火花线切割加工中，电源可以选用直流脉冲电源或交流电源。（　　）

6. 特种加工中加工的难易与工件硬度有关。（　　）

7. 数控电火花成形加工的加工速度一般用体积加工速度来表示。（　　）

8. 习惯上将电极相对于工件的定位过程称为找正。（　　）

9. 数控电火花成形加工实际生产的正常加工速度大大低于最大加工速度。（　　）

10. 线切割机床 3B 代码中的 B 是分割符号。（　　）

11. 数控电火花成形加工机床可以加工通孔和不通孔。（　　）

12. 目前线切割加工时应用较普遍的工作液是煤油。（　　）

13. 电火花成形加工中的吸附效应都发生在阴极上。（　　）

14. 电火花成形加工一般选取的是窄脉冲、高峰值电流。　　（　　）

15. 数控线切割加工是轮廓切割加工，不需设计和制造成形工具电极。（　　）

16. 电火花线切割加工可以用来制造成形电极。（　　）

17. 数控线切割加工一般采用水基工作液，可避免发生火灾，安全可靠，可实现昼夜无人值守连续加工。（　　）

18. 快走丝线切割使用的电极丝材料比慢走丝差，所以加工精度比慢走丝低。（　　）

19. 数控电火花成形加工和穿孔加工相比，前者要求电规准的调节范围相对较大。（　　）

20. 数控电火花成形加工属于不通孔加工，工作液循环困难，电蚀产物排除条件差。（　　）

21. 在采取适当的工艺保证后，数控线切割加工也可以加工盲孔。（　　）

22. 当电极丝的进给速度明显超过蚀除速度时，放电间隙会越来越小，以致产生短路。（　　）

23. 数控电火花成形加工电极损耗较难进行补偿。（　　）

**四、名词解释**

1. 特种加工技术

2. 电火花成形加工

3. 二次放电

4. 电极相对损耗（电火花加工中）

5. 放电间隙

6. 脉冲宽度

7. 占空比

8. 极性效应

9. DK7725

10. 数控电火花成形加工速度

**五、简答题**

1. 试述电火花成形加工的特点及其应用。

2. 在电火花成形加工中，工作液的作用有哪些？

3. 影响电火花成形加工精度的主要因素

4. 提高是电火花成形加工速度的途径有哪些？

5. 影响电火花成形加工零件表面粗糙度的因素有哪些？

6. 电火花成形加工电蚀产物的排除方法有哪些？

### 六、综合题

1. 特种加工与传统切削加工方法相比，在加工原理上的主要区别有哪些？所能解决的主要加工问题有哪些？

3. 试分析影响材料放电腐蚀的因素。

3. 用 3B 格式编程，编制如图 5-24 所示的蘑菇形零件的数控线切割程序。加工条件：电极丝的直径为 0.18 mm，放电间隙为 0.01 mm，补偿值为 0.1 mm，对丝点在右下角 3 mm 处。

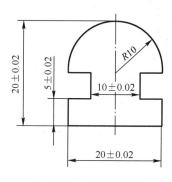

图 5-24　蘑菇形零件

# 项目 6  数控加工程序编制与加工实训

## 学习目标

（1）掌握数控车床操作的基本方法，学习典型零件数控车削编程与加工的操作方法。

（2）掌握数控铣床操作的基本方法，学习典型零件数控铣削编程与加工的操作方法。

（3）掌握数控加工中心操作的基本方法，学习典型零件数控加工中心编程与加工的操作方法。

（4）能够根据数控机床的数控系统配置，编制典型零件的加工程序。

## 任务 6.1  阶梯轴零件编程与加工实训

### 1. 零件图（图 6-1）

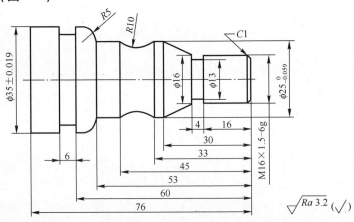

图 6-1  阶梯轴零件

### 2. 评分表（表 6-1）

表 6-1  阶梯轴零件加工训练评分表

| 序　号 | 考核内容 | 考核要求 | 配　分 | 评分标准 | 学生自评 | 教师评分 | 得　分 |
|---|---|---|---|---|---|---|---|
| 1 | 外圆 | $\phi35$ mm $\pm 0.019$ mm | 10 | 超差不得分 | | | |
| 2 | | $\phi25_{-0.059}^{0}$ mm | 10 | 超差不得分 | | | |
| 3 | | $\phi35$ mm、$\phi16$ mm、$\phi13$ mm | 9 | 超差不得分 | | | |
| 4 | 锥体 | 外锥 1:5 ，$Ra = 1.6$ μm | 9 | 超差不得分 | | | |
| 5 | | 内锥：$Ra = 1.6$ μm | 9 | 超差不得分 | | | |
| 6 | 螺纹 | 外螺纹：M16×1.5 − 6g | 8 | 超差不得分 | | | |
| 7 | | 内螺纹：$Ra = 3.2$ μm | 8 | 超差不得分 | | | |

| 序　号 | 考核内容 | 考核要求 | 配　分 | 评分标准 | 学生自评 | 教师评分 | 得　分 |
|---|---|---|---|---|---|---|---|
| 8 | 沟槽 | 6.4 mm | 8 | 不合格不得分 | | | |
| 9 | 倒角 | $C1$ 两处 | 7 | 错漏不得分 | | | |
| 10 | 长度 | $25_{-0.025}^{0}$ mm | 7 | 超差不得分 | | | |
| 11 | | 76 mm、60 mm、53 mm、45 mm、33 mm、30 mm、16 mm | 8 | 超差不得分 | | | |
| 12 | 圆弧 | $R5$、$R10$ | 7 | 超差不得分 | | | |
| 13 | 工艺 | 工艺制定正确、合理 | 倒扣 | 工艺不合理每处扣2分 | | | |
| 14 | 程序 | 程序正确、简单、明确、规范 | | 程序不正确不得分 | | | |
| 15 | 安全文明生产 | 按国家颁布的安全生产规定标准评定 | | 1. 违反有关规定酌情扣 1～10 分，危及人身或设备安全者终止考核 2. 场地不整洁，工、夹、刀、量具等放置不合理酌情扣1～5分 | | | |
| | 合计 | 100 | | 总分 | | | |

# 任务6.2　螺纹配合件编程与加工实训

## 1. 零件图（图6-2）

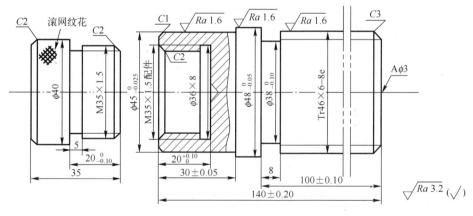

图6-2　螺纹配合件

## 2. 评分表（表6-2）

表 6-2 螺纹配合件加工训练评分表

| 项目与分配 | 序　号 | 考核要求 | 配　分 | 评分标准 | 学生自评 | 教师评分 | 得　分 |
|---|---|---|---|---|---|---|---|
| 件一 | 1 | $\phi$40 mm 滚网纹花 | 5 | 超差不得分 | | | |
| | 2 | 5 mm | 5 | 超差不得分 | | | |
| | 3 | $20_{-0.10}^{\ 0}$ mm | 5 | 超差不得分 | | | |
| | 4 | 35 mm | 5 | 超差不得分 | | | |
| | 5 | $C2$ | 5 | 超差不得分 | | | |
| | 6 | M35 × 1.6 | 5 | 超差不得分 | | | |
| 件二 | 7 | $\phi$45$_{-0.025}^{\ 0}$ mm $Ra = 1.6\ \mu$m | 5 | 超差不得分 | | | |
| | 8 | $\phi$36 mm × 8 mm | 5 | 超差不得分 | | | |
| | 9 | $\phi$48$_{-0.05}^{\ 0}$ mm $Ra = 1.6\ \mu$m | 5 | 超差不得分 | | | |
| | 10 | $\phi$38$_{-0.10}^{\ 0}$ mm | 5 | 超差不得分 | | | |
| | 11 | $20_{0}^{+0.10}$ | 5 | 超差不得分 | | | |
| | 12 | 30 mm ± 0.05 mm，8 mm | 5 | 超差不得分 | | | |
| | 13 | 100 mm ± 0.10 mm | 5 | 超差不得分 | | | |
| | 14 | 140 mm ± 0.20 mm | 5 | 超差不得分 | | | |
| | 15 | $C1$ | 5 | 超差不得分 | | | |
| | 16 | $C3$ | 5 | 超差不得分 | | | |
| | 17 | $C2$ | 5 | 超差不得分 | | | |
| | 18 | M35 × 1.5 配件 | 5 | 超差不得分 | | | |
| | 19 | Tr46 × 6 - 8e，$Ra = 1.6\ \mu$m | 5 | 超差不得分 | | | |
| | 20 | 松紧适中 | 5 | 超差不得分 | | | |
| 工艺 | 21 | 工艺制定正确、合理 | | 工艺不合理每处扣 2 分 | | | |
| 程序 | 22 | 程序正确、简单、明确、规范 | | 程序不正确不得分 | | | |
| 安全文明生产 | 23 | 按国家颁布的安全生产规定标准评定 | 倒扣 | 1. 违反有关规定酌情扣 1 ~ 10 分，危及人身或设备安全者终止考核<br>2. 场地不整洁，工、夹、刀、量具等放置不合理酌情扣 1~5 分 | | | |
| 合计 | | 100 | | 总分 | | | |

# 任务 6.3　配合件编程与加工实训

## 1. 零件图（图 6-3）

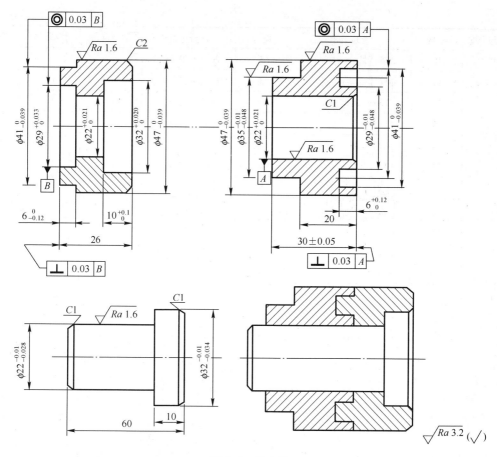

图 6-3　配合件

## 2. 评分表（表6-3）

表 6-3　配合件加工训练评分表

| 项目与分配 | 序号 | 考核要求 | 配分 | 评分标准 | 学生自评 | 教师评分 | 得分 |
|---|---|---|---|---|---|---|---|
| 件一 | 1 | $\phi 41_{-0.039}^{0}$ mm | 5 | 超差不得分 | | | |
| | 2 | $\phi 47_{-0.039}^{0}$ mm | 5 | 超差不得分 | | | |
| | 3 | 26 mm | 4 | 超差不得分 | | | |
| | 4 | $\phi 29_{0}^{+0.033}$ mm | 4 | 超差不得分 | | | |
| | 5 | $\phi 22_{-0.021}^{0}$ mm | 4 | 超差不得分 | | | |
| | 6 | $\phi 32_{0}^{-0.020}$ mm | 4 | 超差不得分 | | | |
| | 7 | C2 | 5 | 错漏不得分 | | | |
| | 8 | ◎ 0.03 B | 5 | 不合格不得分 | | | |
| | 9 | ⊥ 0.03 B | | 不合格不得分 | | | |

| 项目与分配 | 序号 | 考核要求 | 配分 | 评分标准 | 学生自评 | 教师评分 | 得分 |
|---|---|---|---|---|---|---|---|
| 件二 | 10 | $\phi 35^{-0.01}_{-0.040}$ mm | 5 | 超差不得分 | | | |
| | 11 | $\phi 47^{0}_{-0.039}$ mm | 5 | 超差不得分 | | | |
| | 12 | 30 mm ± 0.05 mm | 4 | 超差不得分 | | | |
| | 13 | 20 mm | 3 | 超差不得分 | | | |
| | 14 | $6^{+0.02}_{0}$ mm | 5 | 超差不得分 | | | |
| | 15 | $\phi 22^{+0.021}_{0}$ mm | 4 | 超差不得分 | | | |
| | 16 | ◎ 0.03 A | 5 | 不合格不得分 | | | |
| | 17 | ⊥ 0.03 A | 5 | 不合格不得分 | | | |
| 件三 | 18 | $\phi 22^{-0.01}_{-0.039}$ mm | 5 | 超差不得分 | | | |
| | 19 | $\phi 32^{-0.01}_{-0.034}$ mm | 5 | 超差不得分 | | | |
| | 20 | 60 mm | 3 | 超差不得分 | | | |
| | 21 | 10 mm | 3 | 超差不得分 | | | |
| | 22 | C1 | 4 | 错漏不得分 | | | |
| | 23 | $Ra = 1.6\ \mu m$ | 5 | 超差不得分 | | | |
| 工艺 | | 工艺制定正确、合理 | | 工艺不合理每处扣2分 | | | |
| 程序 | | 程序正确、简单、明确、规范 | | 程序不正确不得分 | | | |
| 安全文明生产 | | 按国家颁布的安全生产规定标准评定 | 倒扣 | 1. 违反有关规定酌情扣 1～10 分，危及人身或设备安全者终止考核<br>2. 场地不整洁，工、夹、刀、量具等放置不合理酌情扣1~5分 | | | |
| 合计 | | 100 | | 总分 | | | |

# 任务6.4 台阶零件编程与加工实训

**1. 零件图（图6-4）**

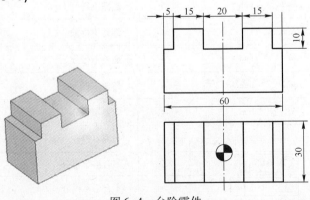

图6-4 台阶零件

**2. 评分表（表6-4）**

表6-4 台阶零件件加工训练评分表

| 序 号 | 项 目 | 考核内容 | | 配 分 | 评分标准 | 检测结果 | 扣 分 | 得 分 | 备 注 |
|---|---|---|---|---|---|---|---|---|---|
| 1 | 外形 | 5 mm×30 mm×15 mm | IT | 16 | 超差0.01扣2分 | | | | |
| | | | Ra | 8 | 降一级扣2分 | | | | |
| | | 15 mm×30 mm×15 mm | IT | 16 | 超差0.01扣2分 | | | | |
| | | | Ra | 8 | 降一级扣2分 | | | | |
| | | 20 mm×30 mm×15 mm | IT | 8 | 超差0.01扣2分 | | | | |
| | | | Ra | 4 | 降一级扣2分 | | | | |
| 2 | 程序编制 | 建立工作坐标系 | | 4 | 出现错误不得分 | | | | |
| | | 程序代码正确 | | 4 | 出现错误不得分 | | | | |
| | | 刀具轨迹显示正确 | | 3 | 出现错误不得分 | | | | |
| | | 程序要完整 | | 4 | 出现错误不得分 | | | | |
| 3 | 机床操作 | 开机及系统复位 | | 3 | 出现错误不得分 | | | | |
| | | 装夹工件 | | 2 | 出现错误不得分 | | | | |
| | | 输入及修改程序 | | 5 | 出现错误不得分 | | | | |
| | | 正确设定对刀点 | | 3 | 出现错误不得分 | | | | |
| | | 建立刀补 | | 4 | 出现错误不得分 | | | | |
| | | 自动运行 | | 3 | 出现错误不得分 | | | | |
| 4 | 工、量、刃具的正确使用 | 执行操作规程 | | 2 | 违反规程不得分 | | | | |
| | | 使用工具、量具 | | 3 | 选择错误不得分 | | | | |
| 5 | 文明生产 | 按有关规定每违反一项从总分中扣3分。扣分不超过10分。 | | | | | | | |
| | 总分 | | | | | | | | |

# 任务6.5 凸台零件编程与加工实训

**1. 零件图（图6-5）**

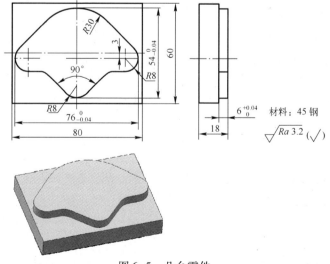

材料：45钢

$\sqrt{Ra\,3.2}$ ($\sqrt{\phantom{x}}$)

图6-5 凸台零件

**2. 评分表（表6-5）**

表6-5 凸台零件加工训练评分表

| 序 号 | 项 目 | 考核内容 | | 配 分 | 评分标准 | 检测结果 | 扣 分 | 得 分 | 备 注 |
|---|---|---|---|---|---|---|---|---|---|
| 1 | 外形 | $76_{-0.04}^{0}$ mm | IT | 6 | 超差0.01扣2分 | | | | |
| | | | Ra | 6 | 降一级扣2分 | | | | |
| | | $54_{-0.04}^{0}$ mm | IT | 6 | 超差0.01扣2分 | | | | |
| | | | Ra | 6 | 降一级扣2分 | | | | |
| | | $6_{0}^{+0.04}$ mm | IT | 6 | 超差0.01扣2分 | | | | |
| | | | Ra | 6 | 降一级扣2分 | | | | |
| | | 90° | IT | 6 | 超差0.01扣2分 | | | | |
| | | | Ra | 6 | 降一级扣2分 | | | | |
| | | $R = 30$ mm | IT | 4 | 超差0.01扣2分 | | | | |
| | | | Ra | 2 | 降一级扣2分 | | | | |
| | | $R = 8$ mm | IT | 4 | 超差0.01扣2分 | | | | |
| | | | Ra | 2 | 降一级扣2分 | | | | |
| 2 | 程序编制 | 建立工作坐标系 | | 4 | 出现错误不得分 | | | | |
| | | 程序代码正确 | | 4 | 出现错误不得分 | | | | |
| | | 刀具轨迹显示正确 | | 3 | 出现错误不得分 | | | | |
| | | 程序要完整 | | 4 | 出现错误不得分 | | | | |
| 3 | 机床操作 | 开机及系统复位 | | 3 | 出现错误不得分 | | | | |
| | | 装夹工件 | | 2 | 出现错误不得分 | | | | |
| | | 输入及修改程序 | | 5 | 出现错误不得分 | | | | |
| | | 正确设定对刀点 | | 3 | 出现错误不得分 | | | | |
| | | 建立刀补 | | 4 | 出现错误不得分 | | | | |
| | | 自动运行 | | 3 | 出现错误不得分 | | | | |
| 4 | 工、量、刀具的正确使用 | 执行操作规程 | | 2 | 违反规程不得分 | | | | |
| | | 使用工具、量具 | | 3 | 选择错误不得分 | | | | |
| 5 | 文明生产 | 按有关规定每违反一项从总分中扣3分。扣分不超过10分。 | | | | | | | |
| | 总分 | | | | | | | | |

# 任务6.6 型腔零件编程与加工实训

**1. 零件图（图6-6）**

**2. 评分表（表6-6）**

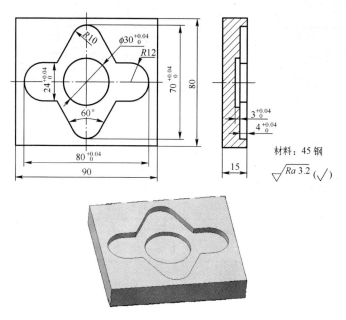

材料：45 钢

$\sqrt{Ra\,3.2}\,(\sqrt{\ })$

图 6-6　型腔零件

**表 6-6　型腔零件加工训练评分表**

| 序　号 | 项　　目 | 考核内容 | | 配　分 | 评分标准 | 检测结果 | 扣　　分 | 得　　分 | 备　注 |
|---|---|---|---|---|---|---|---|---|---|
| 1 | 花瓣槽 | $80^{+0.04}_{0}$ mm | IT | 4 | 超差 0.01 扣 2 分 | | | | |
| | | | Ra | 4 | 降一级扣 2 分 | | | | |
| | | $70^{+0.04}_{0}$ mm | IT | 4 | 超差 0.01 扣 2 分 | | | | |
| | | | Ra | 4 | 降一级扣 2 分 | | | | |
| | | $24^{+0.04}_{0}$ mm | IT | 4 | 超差 0.01 扣 2 分 | | | | |
| | | | Ra | 4 | 降一级扣 2 分 | | | | |
| | | $4^{+0.04}_{0}$ mm | IT | 4 | 超差 0.01 扣 2 分 | | | | |
| | | | Ra | 4 | 降一级扣 2 分 | | | | |
| | | 60° | IT | 4 | 超差 0.01 扣 2 分 | | | | |
| | | | Ra | 2 | 降一级扣 2 分 | | | | |
| | | $R = 10$ mm | IT | 4 | 超差 0.01 扣 2 分 | | | | |
| | | | Ra | 2 | 降一级扣 2 分 | | | | |
| 2 | 圆形槽 | $\phi 30^{+0.04}_{0}$ mm | IT | 4 | 超差 0.01 扣 1 分 | | | | |
| | | | Ra | 4 | 降一级扣 2 分 | | | | |
| | | $3^{+0.04}_{0}$ mm | IT | 4 | 超差 0.01 扣 1 分 | | | | |
| | | | Ra | 4 | 降一级扣 2 分 | | | | |
| 3 | 程序编制 | 建立工作坐标系 | | 4 | 出现错误不得分 | | | | |
| | | 程序代码正确 | | 4 | 出现错误不得分 | | | | |
| | | 刀具轨迹显示正确 | | 3 | 出现错误不得分 | | | | |
| | | 程序要完整 | | 4 | 出现错误不得分 | | | | |

| 序 号 | 项 目 | 考核内容 | 配 分 | 评分标准 | 检测结果 | 扣 分 | 得 分 | 备 注 |
|---|---|---|---|---|---|---|---|---|
| 4 | 机床操作 | 开机及系统复位 | 3 | 出现错误不得分 | | | | |
| | | 装夹工件 | 2 | 出现错误不得分 | | | | |
| | | 输入及修改程序 | 5 | 出现错误不得分 | | | | |
| | | 正确设定对刀点 | 3 | 出现错误不得分 | | | | |
| | | 建立刀补 | 4 | 出现错误不得分 | | | | |
| | | 自动运行 | 3 | 出现错误不得分 | | | | |
| 5 | 工、量、刃具的正确使用 | 执行操作规程 | 2 | 违反规程不得分 | | | | |
| | | 使用工具、量具 | 3 | 选择错误不得分 | | | | |
| 6 | 文明生产 | 按有关规定每违反一项从总分中扣 3 分。扣分不超过 10 分。 | | | | | | |
| | 总分 | | | | | | | |

# 附　　录

## 附录 A　三大数控系统 G 代码快速通读

### 表 A-1　数控车床系统 G 代码

| G 功能字含义 | FANUC 数控系统 | SIEMENS 数控系统 | 华中数控系统 | 备　注 |
|---|---|---|---|---|
| 快速进给、定位 | G00 | G0 | G00 | |
| 直线插补 | G01 | G1 | G01 | |
| 圆弧插补 CW（顺时针） | G02 | G2 | G02 | |
| 圆弧插补 CCW（逆时针） | G03 | G3 | G03 | |
| 暂停 | G04 | | G04 | |
| 英制输入 | G20 | G70 | G20 | × |
| 公制输入 | G21 | G71 | G21 | |
| 回归参考点 | G28 | G74 | G28 | |
| 由参考点回归 | G29 | | G29 | |
| 返回固定点 | | G75 | | |
| 直径编程 | — | G23 | G36 | |
| 半径编程 | — | G22 | G37 | |
| 刀具补偿取消 | G40 | G40 | G40 | |
| 左半径补偿 | G41 | G41 | G41 | |
| 右半径补偿 | G42 | G42 | G42 | |
| 设定工件坐标系 | G50 | | G92 | |
| 设置主轴最大的转速 | G50 | G26 上限　G25 下限 | — | × |
| 选择机床坐标系 | G53 | G53 | G53 | |
| 选择工作坐标系 1 | G54 | G54 | G54 | |
| 选择工作坐标系 2 | G55 | G55 | G55 | |
| 选择工作坐标系 3 | G56 | G56 | G56 | |
| 选择工作坐标系 4 | G57 | G57 | G57 | |
| 选择工作坐标系 5 | G58 | | G58 | |
| 选择工作坐标系 6 | G59 | | G59 | |
| 精加工复合循环 | G70 | | G70 | |
| 内外径粗切复合循环 | G71 | | G71 | |
| 端面粗切削复合循环 | G72 | | G72 | |
| 闭环车削复合循环 | G73 | LCYC95 | G73 | |
| 螺纹切削复合循环 | G76 | | G76 | |
| 外圆车削固定循环 | G90 | | G80 | |
| 端面车削固定循环 | G94 | | G81 | |
| 螺纹车削固定循环 | G92 | LCYC97 | G82 | |
| 绝对编程 | — | G90 | G90 | |
| 相对编程 | — | G91 | G91 | |
| 每分钟进给速度 | G98 | G94 | G94 | × |
| 每转进给速度 | G99 | G95 | G95 | × |
| 恒线速度切削 | G96 | G96 | G96 | × |
| 恒线速度控制取消 | G97 | G97 | G97 | × |

注：× 为本软件中不能用现象表达的指令。

## 表 A-2　数控铣床系统 G 代码

| G 功能字含义 | FANUC 数控系统 | SIEMENS 数控系统 | 华中数控系统 | 备　　注 |
|---|---|---|---|---|
| 快速进给、定位 | G00 | G0 | G00 | |
| 直线插补 | G01 | G1 | G01 | |
| 圆弧插补 CW（顺时针） | G02 | G2 | G02 | |
| 圆弧插补 CCW（逆时针） | G03 | G3 | G03 | |
| 暂停 | G04 | | G04 | |
| 选择 OXY 平面 | G17 | G17 | G17 | |
| 选择 OXZ 平面 | G18 | G18 | G18 | × |
| 选择 OYZ 平面 | G19 | G19 | G19 | × |
| 英制输入 | G20 | G70 | G20 | × |
| 公制输入 | G21 | G71 | G21 | |
| 回归参考点 | G28 | G74 | G28 | |
| 由参考点回归 | G29 | | G29 | |
| 返回固定点 | | G75 | | |
| 刀具补偿取消 | G40 | G40 | G40 | |
| 左半径补偿 | G41 | G41 | G41 | |
| 右半径补偿 | G42 | G42 | G42 | |
| 刀具长度补偿 + | G43 | | G43 | |
| 刀具长度补偿 − | G44 | | G44 | |
| 刀具长度补偿取消 | G49 | | G49 | |
| 取消缩放 | G50 | | G50 | × |
| 比例缩放 | G51 | | G51 | × |
| 机床坐标系选择 | G53 | G53 | G53 | |
| 选择工作坐标系 1 | G54 | G54 | G54 | |
| 选择工作坐标系 2 | G55 | G55 | G55 | |
| 选择工作坐标系 3 | G56 | G56 | G56 | |
| 选择工作坐标系 4 | G57 | G57 | G57 | |
| 选择工作坐标系 5 | G58 | | G58 | |
| 选择工作坐标系 6 | G59 | | G59 | |
| 坐标系旋转 | G68 | | G68 | × |
| 取消坐标系旋转 | G69 | | G69 | × |
| 高速深孔钻削循环 | G73 | | G73 | |
| 左螺旋切削循环 | G74 | | G74 | |
| 精镗孔循环 | G76 | | G76 | |
| 取消固定循环 | G80 | | G80 | |
| 中心钻循环 | G81 | | G81 | |
| 反镗孔循环 | G82 | | G82 | |
| 深孔钻削循环 | G83 | | G83 | |
| 右螺旋切削循环 | G84 | | G84 | |
| 镗孔循环 | G85 | | G85 | |
| 镗孔循环 | G86 | | G86 | |
| 反向镗孔循环 | G87 | | G87 | |
| 镗孔循环 | G88 | | G88 | |
| 镗孔循环 | G89 | | G89 | |
| 绝对编程 | G90 | G90 | G90 | |
| 相对编程 | G91 | G91 | G91 | |
| 设定工件坐标系 | G92 | | G92 | |
| 固定循环返回起始点 | G98 | | G98 | |
| 返回固定循环 R 点 | G99 | | G99 | |

注：× 为本软件中不能用现象表达的指令。

# 附录 B 华中数控系统数控车床编程指令表

表 B-1 华中数控系统数控车床编程 G 指令表

| G 代 码 | 组 | 功 能 | 格 式 |
|---|---|---|---|
| G00 | 01 | 快速定位 | G00 X(U)＿ Z(W)＿；<br>X, Z: 绝对编程时, 快速定位终点在工件坐标系中的坐标<br>U, W: 增量编程时, 快速定位终点相对于起点的位移量 |
| √G01 | | 直线插补 | G01 X(U)＿ Z(W)＿ F＿；<br>X, Z: 绝对编程时, 终点在工件坐标系中的坐标<br>U, W: 增量编程时, 终点相对于起点的位移量<br>F: 合成进给速度 |
| | | 倒角加工 | G01 X(U)＿ Z(W)＿ C＿；<br>G01 X(U)＿ Z(W)＿ R＿；<br>X, Z: 绝对编程时, 未倒角前两相邻程序段轨迹的交点 G 的坐标值<br>U, W: 增量编程时, G 点相对于起始直线轨迹的始点 A 点的移动距离<br>C: 倒角终点 C, 相对于相邻两直线的交点 G 的距离<br>R: 倒角圆弧的半径值 |
| G02 | | 顺圆插补 | G02 X(U)＿ Z(W)＿ $\left\{ \begin{array}{l} I\_ K\_ \\ R\_ \end{array} \right\}$ F＿；<br>X, Z: 绝对编程时, 圆弧终点在工件坐标系中的坐标<br>U, W: 增量编程时, 圆弧终点相对于圆弧起点的位移量<br>I, K: 圆心相对于圆弧起点的增量量, 在绝对、增量编程时都以增量方式指定; 在直径、半径编程时 I 都是半径值<br>R: 圆弧半径<br>F: 两个轴的合成进给速度 |
| G03 | | 逆圆插补 | 同上 |
| G02 (G03) | | 倒角加工 | G02 (G03) X(U)＿ Z(W)＿ R＿ RL =＿；<br>G02 (G03) X(U)＿ Z(W)＿ R＿ RC =＿；<br>X, Z: 绝对编程时, 未倒角前圆弧终点 G 的坐标值<br>U, W: 增量编程时, G 点相对于未倒角前圆弧始点 A 点的移动距离<br>R: 圆弧半径值<br>RL =: 倒角终点 C, 相对于未倒角前圆弧终点 G 的距离<br>RC =: 倒角圆弧的半径值 |
| G04 | 00 | 暂停 | G04 P＿；<br>P: 暂停时间, 单位为 s |
| G20<br>√G21 | 08 | 英寸输入<br>毫米输入 | G20 X＿ Z＿；<br>同上 |
| G24 | | 镜像 | |
| G25 | | 取消镜像 | |
| G28<br>G29 | 00 | 返回刀参考点<br>由参考点返回 | G28 X＿ Z＿；<br>G29 X＿ Z＿； |
| G32 | 01 | 螺纹切削 | G32 X(U)＿ Z(W)＿ R＿ E＿ P＿ F＿；<br>X, Z: 绝对编程时, 有效螺纹终点在工件坐标系中的坐标<br>U, W: 增量编程时, 有效螺纹终点相对于螺纹切削起点的位移量<br>F: 螺纹导程, 即主轴每转一圈, 刀具相对于工件的进给量<br>R, E: 螺纹切削的退尾量, R 表示 Z 向退尾量; E 表示 X 向退尾量<br>P: 主轴基准脉冲处距离螺纹切削起点的主轴转角 |
| √G36<br>G37 | 17 | 直径编程<br>半径编程 | |

| G 代 码 | 组 | 功　　能 | 格　　式 |
|---|---|---|---|
| √G40<br>G41<br>G42 | 09 | 刀尖半径补偿取消<br>左刀补<br>右刀补 | G40 G00（G01）X__ Z__；<br>G41 G00（G01）X__ Z__；<br>G42 G00（G01）X__ Z__；<br>X，Z 为建立刀补或取消刀补的终点，G41、G42 的参数由 T 代码指定 |
| √G54<br>G55<br>G56<br>G57<br>G58<br>G59 | 11 | 坐标系选择 | |
| G68 | | 旋转 | G68<br>X__ Y__ P__ L__；<br>X、Y：旋转中心点<br>P：旋转角度<br>L：切割次数 |
| G69 | | 旋转结束 | |
| G71<br>G72 | 06 | 内（外）径粗车复合循环（无凹槽加工时）<br>内（外）径粗车复合循环（有凹槽加工时）<br>端面粗车复合循环 | G71 U(Δd) R(r) P(ns) Q(nf) X(Δx) Z(Δz) F(f) S(s) T(t)；<br>G71 U(Δd) R(r) P(ns) Q(nf) E(e) F(f) S(s) T(t)；<br>Δd：切削深度（每次切削量），指定时不加符号。<br>r：每次退刀量<br>ns：精加工路径第一程序段的顺序号<br>nf：精加工路径最后程序段的顺序号<br>Δx：X 方向精加工余量<br>Δz：Z 方向精加工余量<br>f，s，t：粗加工时 G71 种编程的 F，S，T 有效，而精加工时处于<br>ns～nf程序段之间的 F，S，T 有效<br>e：精加工余量，其为 X 方向的等高距离；外径切削时为正，内径切削时为负<br>G72 W(Δd) R(r) P(ns) Q(nf) X(Δx) Z(Δz) F(f) S(s) T(t)；<br>参数含义同上 |
| G73 | | 闭环车削复合循环 | G73 U(ΔI) W(ΔK) R(r) P(ns) Q(nf) X(Δx) Z(Δz) F(f) S(s) T(t)；<br>ΔI：X 方向的粗加工总余量<br>ΔK：Z 方向的粗加工总余量<br>r：粗切削次数<br>ns：精加工路径第一程序段的顺序号<br>nf：精加工路径最后程序段的顺序号<br>Δx：X 方向精加工余量<br>Δz：Z 方向精加工余量<br>f，s，t：粗加工时 G71 种编程的 F，S，T 有效，而精加工时处于<br>ns～nf程序段之间的 F，S，T 有效 |

| G 代 码 | 组 | 功 能 | 格 式 |
|---|---|---|---|
| G76 | 06 | 螺纹切削复合循环 | G76 C(c) R(r) E(e) A(a) X(x) Z(z) I(i) K(k) U(d) V($\Delta d_{min}$) Q($\Delta d$) P(p) F(L)；<br>c：精整次数（1~99）为模态值<br>r：螺纹 Z 向退尾长度（00~99）为模态值<br>e：螺纹 X 向退尾长度（00~99）为模态值<br>a：刀尖角度（二位数字）为模态值；在 80、60、55、30、29、0 六个角度中选一个<br>x，z：绝对编程时为有效螺纹终点的坐标；<br>增量编程时为有效螺纹终点相对于循环起点的有向距离<br>i：螺纹两端的半径差<br>k：螺纹高度<br>$\Delta d_{min}$：最小切削深度<br>d：精加工余量（半径值）<br>$\Delta d$：第一次切削深度（半径值）<br>P：主轴基准脉冲处距离切削起始点的主轴转角<br>L：螺纹导程 |
| G80 | | 圆柱面内（外）径切削循环<br>圆锥面内（外）径切削循环 | G80 X__ Z__ F__；<br>G80 X__ Z__ I__ F__；<br>I：切削起点 B 与切削终点 C 的半径差 |
| G81<br><br>G82 | | 端面车削固定循环<br><br><br>直螺纹切削循环<br>锥螺纹切削循环 | G81 X__ Z__ F__；<br>G82 X__ Z__ R__ E__ C__ P__ F__；<br>G82 X__ Z__ I__ R__ E__ C__ P__ F__；<br>1R，E：螺纹切削的退尾量，R、E 均为向量，R 为 Z 向回退量；E 为 X 向回退量，R、E 可以省略，表示不用回退功能<br>C：螺纹头数，为 0 或 1 时切削单头螺纹<br>P：单头螺纹切削时，为主轴基准脉冲处距离切削起始点的主轴转角（默认值为 0）；多头螺纹切削时，为相邻螺纹头的切削起始点之间对应的主轴转角<br>F：螺纹导程<br>I：螺纹起点 B 与螺纹终点 C 的半径差 |
| √G90<br>G91 | 13 | 绝对编程<br>相对编程 | |
| G92 | 00 | 工件坐标系设定 | G92 X__ Z__； |
| √G94<br>G95 | 14 | 每分钟进给速率<br>每转进给 | G94 [F__]；<br>G95 [F__]；<br>F：进给速度 |
| G96<br>G97 | 16 | 恒线速度切削 | G96 S__；<br>G97 S__；<br>S：G96 后面的 S 值为切削的恒定线速度，单位为 m/min<br>G97 后面的 S 值取消恒线速度后，指定的主轴转速，单位为 r/min；如默认为执行 G96 指令前的主轴转速度 |

注：√表示机床默认状态。

| 指　　令 | 功　　能 | 说　　明 | 备　注 |
|---|---|---|---|
| M03 | 主轴正转 | | |
| M04 | 主轴反转 | | |
| M05 | 主轴停 | | |
| M06 | 换刀 | | |
| M07 | 切削液开 | | * |
| M09 | 切削液关 | | * |
| M19 | 主轴定向停止 | | |
| M20 | 取消主轴定向停止 | | |
| M30 | 主程序结束 | 切断机床所有动作，并使程序复位。 | |
| M98 | 调用子程序 | 其后 P 地址指定子程序号，L 地址指定调运次数。 | |
| M99 | 子程序结束 | 子程序结束，并返回到主程序中 M98 所在程序行的下一行 | |

注：＊暂无此功能。

# 参 考 文 献

[1] 徐春香. 数控机床编程与操作 [M]. 北京：国防工业出版社，2010.

[2] 韩红鸾. 数控车工（技师、高级技师）[M]. 北京：机械工业出版社，2008.

[3] 韩红鸾. 数控加工工艺学 [M]. 北京：中国劳动社会保障出版社，2005.

[4] 方沂. 数控机床编程与操作 [M]. 北京：国防工业出版社，1999.

[5] 刘坚. 数控加工与编程 [M]. 北京：北京航空航天大学出版社，2009.

[6] 杜国臣. 数控机床编程 [M]. 北京：机械工业出版社，2010.

[7] 张明建，杨世成. 数控加工工艺规划 [M]. 北京：清华大学出版社，2009.

[8] 吴云飞. 数控车床编程与操作实训教程 [M]. 北京：北京航空航天大学出版社，2011.

[9] 冯志刚. 数控宏程序编程方法、技巧与实例 [M]. 北京：机械工业出版社，2011.

[10] 沈剑锋，朱勤惠. 数控车床技能鉴定考点分析与实体集萃 [M]. 北京：化学工业出版社，2007.

[11] 王秀伟. 数控编程与操作 [M]. 北京：石油工业出版社，2011.

[12] 刘玉春. CAXA 制造工程师 2013 项目案例教程 [M]. 北京：化学工业出版社，2013.

[13] 葛乐青. 数控编程与操作 [M]. 北京：化学工业出版社，2014.